中国传统建筑
解析与传承

THE INTERPRETATION AND INHERITANCE OF
TRADITIONAL CHINESE ARCHITECTURE

Ministry of Housing and Urban-Rural Development of
the People's Republic of China

中华人民共和国住房和城乡建设部 编

山西卷

Shanxi Volume

中国建筑工业出版社

图书在版编目（CIP）数据

中国传统建筑解析与传承 山西卷／中华人民共
和国住房和城乡建设部编. —北京：中国建筑工业出版
社，2017.9
ISBN 978-7-112-21215-6

Ⅰ. ①中… Ⅱ. ①中… Ⅲ. ①古建筑-建筑艺术-山
西 Ⅳ. ①TU-092.2

中国版本图书馆CIP数据核字（2017）第223723号

责任编辑：吴 绫 李东禧 唐 旭 张 华 吴 佳
责任设计：王国羽
责任校对：李欣慰 关 健

中国传统建筑解析与传承 山西卷

中华人民共和国住房和城乡建设部 编
＊
中国建筑工业出版社出版、发行（北京海淀三里河路9号）
各地新华书店、建筑书店经销
北京锋尚制版有限公司制版
北京富诚彩色印刷有限公司印刷
＊
开本：880×1230毫米 1/16 印张：15½ 字数：448千字
2017年10月第一版 2019年3月第二次印刷
定价：158.00元
ISBN 978-7-112-21215-6
　　　（30850）

总　序

Foreword

　　几年前我去法国里昂地区，看到有大片很久以前甚至四百年前建造的夯土建筑，也就是干打垒房子，至今仍在使用。20世纪80年代，当地建设保障房小区时，要求一律建造夯土建筑，他们采用了现代夯土技术。西安科技大学的两位老师将这种技术引入国内，在甘肃、河北等多地建了示范房。现代夯土技术的改进点在于科学配比土与石子、使用模板和电动器具夯筑，传承了夯土建筑的优点，如造价低、节能保温，弥补了缺陷，抗震性增强，也美观，颇受农民的好评。我对这个事例很感兴趣并悟出一个道理，做好传承关键要具备两种精神：一是执着，坚信许多传统能够传承、值得传承。法国将传统干打垒房子当作好东西，努力传承，而我国虽然是生土建筑数量最多的国家，但今天各地却都视其为贫穷落后的标志，力图尽快消灭；二是创新，要下力气研究传统的优点及缺点，并用现代技术克服其缺点，赋予其现代功能，使传统文明成果在今天焕发新的生命力。这两方面的功夫我们都不够。

　　文明古国的中国，在实现现代化的进程中，只有十分自信、满腔热情地传承了优秀传统文化，才能受到全世界的尊重。建筑是一个民族生存智慧、工程技术、审美理念、社会伦理等文明成果最集中、最丰富的载体，其传承及体现是一个国家和民族富强与贫弱的标志。改变今天建筑缺失传统文化的局面，我们需要重新认识我国传统建筑文化，把握其精髓和发展脉络，挖掘和丰富其完整价值，探索传统与现代融合的理念和方法。2012年，住房和城乡建设部村镇建设司组织了首次传统民居全国普查，编纂了《中国传统民居类型全集》，其详细、准确、系统地展示了我国传统民居的地域性。在此基础上，2014年又启动了"传统建筑解析与传承"调查研究，这是第一次国家层面组织的该领域的大型调查研究，颇具价值：

　　价值一，它是至今对我国传统建筑文化最全面、最系统的阐释。第一，本次调查研究地域覆盖广，历史挖掘深，建筑类型多。31个省（市、区）开展了调查研究，每个省的研究也都覆盖了全域；一些省对传统建筑文化的追溯年代突破了记录；建筑类型不仅涵盖了官式建筑、庙宇、祠堂等，更涵盖了各类代表性民居。第二，更加注重从自然、人文、技术、经济几条主线解析传统建筑文化，而不是拘泥于建筑本身；不但阐释了传统建筑的物质形体，而且阐释了传统建筑文化的产生机制。第三，研究体例和解析维度保持了基本一致，各省都通过聚落格局、建筑群体与单体、细部与装饰、风格与装修对传统建筑进行解析。通过解析，大大丰富和提升了对我国传统建筑文化精髓的认识，如：中国传统建筑与自然相适应，和谐共生，敬天惜物；与生存实际相适应，容纳生产生活；与社会伦理相适应，井然有序；与发展相适应，灵活易变，是模块化的鼻祖。第四，内在形式统一，体现了中华文明的持久性和一致性；木结构等技术高度成熟，体现了中华民族的智慧；丰富的地区差异，体现了中华文化的多样性。一些研究基础较差的省，第一次对传统建筑有了全面认识；一些研究基础较好的省，又深化了认识。可以说，这次全面调查研究是对中国传统建筑文化的一次重新认识。

价值二，也是更重要的价值，它是就如何传承传统建筑文化、如何实现传统与现代融合这一难题，至今所进行的广泛深入的探索。第一，提出了更为本质、更具指导意义的传承理论和原则，如建筑文化的三大传承主线：自然、人文、技术；"形"的传承、"神"的传承、"神形兼备"的传承；适应性传承、创新性传承、可持续性传承等理论；坚持挖掘地域文化与建筑的关联性，坚持寻找并传承其最有价值和生命力的要素，坚持与时代发展相接轨等原则。第二，提出了更具操作性的传承方法和要点，如建筑肌理、应对自然环境、空间变异、建造方式、建筑材料、符号特征六方面的传承方法。第三，收集、展示、分析了近代以来大量的现代建筑探索传承的案例，既包括比较成功的，也包括比较失败的，具有很好的参考意义。同时也提出了应防止的误区。

价值三，唤起了对传统建筑文化的空前热情。通过这次研究，各地建设部门更加重视传统建筑文化的传承工作了，这将有利于扭转当前我国城乡建设缺乏传统文化的局面。在学术界，不仅老专家倾力投入，新参与的专家学者也越来越多，而且十分积极。过去研究传统建筑的专家学者与从事设计的建筑师交流不多，通过这次研究，两个群体融合到了一起，不仅有利于传承的研究，更有利于传承的实践。有的老专家说，等了几十年，终于等到国家组织这项工作了。

探索传统建筑文化与现代建筑的融合是难度极大的挑战，永远在路上。虽然本次调查研究存在着许多不足和局限，但第一次组织全国专业力量努力探索的成果，惠及当今，流芳百年，意义非凡，不仅具有中国意义，也具有世界意义。在此，谨向为成就这一大业，辛勤无私付出并作出卓越贡献的所有专家学者、建筑师和技术人员、各地建设部门领导和职工，表示衷心的感谢和崇高的敬意。此外，我还深深感受到，组织实施全国范围的、具有历史意义的调查研究，是其他组织和个人难以做到的，是中央部委必须承担的重要职责，今后还要多做。

住房和城乡建设部总经济师　赵晖

2016年9月

编委会

Editorial Committee

山西卷编写组：

组织人员：张海星、郭 创、赵俊伟
编写人员：王金平、薛林平、韩卫成、冯高磊、杜艳哲、孔维刚、郭华瞻、潘 曦、王 鑫、石 玉、胡 盼、刘进红、王建华、张 钰、高 明、武晓宇、韩丽君

北京卷编写组：

组织人员：李节严、侯晓明、李 慧、车 飞
编写人员：朱小地、韩慧卿、李艾桦、王 南、钱 毅、马 泷、杨 滔、吴 懿、侯 晟、王 恒、王佳怡、钟曼琳、田燕国、卢清新、李海霞
调研人员：刘江峰、陈 凯、闫 峥、刘 强、段晓婷、孟昳然、李沫含、黄 蓉

天津卷编写组：

组织人员：吴冬粤、杨瑞凡、纪志强、张晓萌
编写人员：朱 阳、王 蔚、刘婷婷、王 伟、刘铧文
调研人员：张 猛、冯科锐、王浩然、单长江、陈孝忠、郑 涛、朱 磊、刘 畅

河北卷编写组：

组织人员：封 刚、吴永强、席建林、马 锐
编写人员：舒 平、吴 鹏、魏广龙、刁建新、刘 歆、解 丹、杨彩虹、连海涛

内蒙古卷编写组：

组织人员：杨宝峰、陈 彪、崔 茂
编写人员：张鹏举、彭致禧、贺 龙、韩 瑛、额尔德木图、齐卓彦、白丽燕、高 旭、杜 娟

辽宁卷编写组：

组织人员：任韶红、胡成泽、刘绍伟、孙辉东

编写人员：朴玉顺、郝建军、陈伯超、杨 晔、周静海、黄 欢、王蕾蕾、王 达、宋欣然、刘思铎、原砚龙、高赛玉、梁玉坤、张凤健、吴 琦、邢 飞、刘 盈、楚家麟
调研人员：王严力、纪文喆、姚 琦、庞一鹤、赵兵兵、邵 明、吕海平、王颖蕊、孟 飘

吉林卷编写组：

组织人员：袁忠凯、安 宏、肖楚宇、陈清华
编写人员：王 亮、李天骄、李雷立、宋义坤、张 萌、李之吉、张俊峰、孙守东
调研人员：郑宝祥、王 薇、赵 艺、吴翠灵、李亮亮、孙宇轩、李洪毅、崔晶瑶、王铃溪、高小淇、李 宾、李泽锋、梅 郊、刘秋辰

黑龙江卷编写组：

组织人员：徐东锋、王海明、王 芳
编写人员：周立军、付本臣、徐洪澎、李同予、殷 青、董健菲、吴健梅、刘 洋、刘远孝、王兆明、马本和、王健伟、卜 冲、郭丽萍
调研人员：张 明、王 艳、张 博、王 钊、晏 迪、徐贝尔

上海卷编写组：

组织人员：王训国、孙 珊、侯斌超、魏珏欣、马秀英

王祎婷、吴雨桐、石文博、张三多、
阿桂莲、任道怡、姚启凡、罗　翔、
顾晓洁

邸　鑫、王　镭、李梦珂、张珊珊、
惠禹森、李　强、姚雨墨

甘肃卷编写组：

组织人员：蔡林峥、任春峰、贺建强

编写人员：刘奔腾、张　涵、安玉源、叶明晖、
冯　柯、王国荣、刘　起、孟岭超、
范文玲、李玉芳、杨谦君、李沁鞠、
梁雪冬、张　睿、章海峰

调研人员：马延东、慕　剑、陈　谦、孟祥武、
张小娟、王雅梅、郭兴华、闫幼锋、
赵春晓、周　琪、师宏儒、闫海龙、
王雪浪、唐晓军、周　涛、姚　朋

西藏卷编写组：

组织人员：李新昌、姜月霞、付　聪

编写人员：王世东、木雅·曲吉建才、拉巴次仁、
丹　达、毛中华、蒙乃庆、格桑顿珠、
旺　久、加　雷

调研人员：群　英、丹增康卓、益西康卓、
次旺郎杰、土旦拉加

青海卷编写组：

组织人员：杨敏政、陈　锋、马黎光

编写人员：李立敏、王　青、马扎·索南周扎、
晁元良、李　群、王亚峰

调研人员：张　容、刘　悦、魏　璇、王晓彤、
柯章亮、张　浩

陕西卷编写组：

组织人员：王宏宇、李　君、薛　钢

编写人员：周庆华、李立敏、赵元超、李志民、
孙西京、王　军（博）、刘　煜、
吴国源、祁嘉华、刘　辉、武　联、
吕　成、陈　洋、雷会霞、任云英、
倪　欣、鱼晓惠、陈　新、白　宁、
尤　涛、师晓静、雷耀丽、刘　怡、
李　静、张钰曌、刘京华、毕景龙、
黄　姗、周　岚、石　媛、李　涛、
黄　磊、时　洋、张　涛、庞　佳、
王怡琼、白　钰、王建成、吴左宾、
李　晨、杨彦龙、林高瑞、朱瑜葱、
李　凌、陈斯亮、张定青、党纤纤、
张　颖、王美子、范小烨、曹惠源、
张丽娜、陆　龙、石　燕、魏　锋、
张　斌

调研人员：陈志强、丁琳玲、陈雪婷、杨钦芳、
张豫东、刘玉成、图努拉、郭　萌、
张雪珂、于仲晖、周方乐、何　娇、
宋宏春、肖求波、方　帅、陈建宇、
余　茜、姬瑞河、张海岳、武秀峰、
孙亚萍、魏　栋、干　金、米庆志、
陈治金、贾　柯、刘培丹、陈若曦、
陈　锐、刘　博、王丽娜、吕咪咪、
卢　鹏、孙志青、吕鑫源、李珍玉、
周　菲、杨程博、张演宇、杨　光、

宁夏卷编写组：

组织人员：杨　普、杨文平、徐海波

编写人员：陈宙颖、李晓玲、马冬梅、陈李立、
李志辉、杜建录、杨占武、董　茜、
王晓燕、马小凤、田晓敏、朱启光、
龙　倩、武文娇、杨　慧、周永惠、
李巧玲

调研人员：林卫公、杨自明、张　豪、宋志皓、
王璐莹、王秋玉、唐玲玲、李娟玲

新疆卷编写组：

组织人员：马天宇、高　峰、邓　旭

编写人员：陈震东、范　欣、季　铭

主编单位：
中华人民共和国住房和城乡建设部

参编单位：

北京卷：北京市规划委员会
　　　　北京市勘察设计和测绘地理信息管理办公室
　　　　北京市建筑设计研究院有限公司
　　　　清华大学
　　　　北方工业大学

天津卷：天津市城乡建设委员会
　　　　天津大学建筑设计规划研究总院
　　　　天津大学

河北卷：河北省住房和城乡建设厅
　　　　河北工业大学
　　　　河北工程大学
　　　　河北省村镇建设促进中心

山西卷：山西省住房和城乡建设厅
　　　　北京交通大学
　　　　太原理工大学
　　　　山西省建筑设计研究院

内蒙古卷：内蒙古自治区住房和城乡建设厅
　　　　　内蒙古工业大学

辽宁卷：辽宁省住房和城乡建设厅
　　　　沈阳建筑大学
　　　　辽宁省建筑设计研究院

吉林卷：吉林省住房和城乡建设厅

　　　　吉林建筑大学
　　　　吉林建筑大学设计研究院
　　　　吉林省建苑设计集团有限公司

黑龙江卷：黑龙江省住房和城乡建设厅
　　　　　哈尔滨工业大学
　　　　　齐齐哈尔大学
　　　　　哈尔滨市建筑设计院
　　　　　哈尔滨方舟工程设计咨询有限公司
　　　　　黑龙江国光建筑装饰设计研究院有限公司
　　　　　哈尔滨唯美源装饰设计有限公司

上海卷：上海市规划和国土资源管理局
　　　　上海市建筑学会
　　　　华东建筑设计研究总院
　　　　同济大学
　　　　上海大学
　　　　上海市城市建设档案馆

江苏卷：江苏省住房和城乡建设厅
　　　　东南大学

浙江卷：浙江省住房和城乡建设厅
　　　　浙江大学
　　　　浙江工业大学

安徽卷：安徽省住房和城乡建设厅
　　　　合肥工业大学

福建卷：福建省住房和城乡建设厅
　　　　厦门大学

江西卷：江西省住房和城乡建设厅
　　　　南昌大学
　　　　江西省建筑设计研究总院
　　　　南昌大学设计研究院

山东卷：山东省住房和城乡建设厅
　　　　山东建筑大学
　　　　山东建大建筑规划设计研究院
　　　　山东省小城镇建设研究会
　　　　山东大学
　　　　烟台大学
　　　　青岛理工大学
　　　　山东省城乡规划设计研究院

河南卷：河南省住房和城乡建设厅
　　　　郑州大学
　　　　河南大学
　　　　河南理工大学
　　　　郑州大学综合设计研究院有限公司
　　　　河南省城乡规划设计研究总院有限公司
　　　　河南大建建筑设计有限公司
　　　　郑州市建筑设计院有限公司

湖北卷：湖北省住房和城乡建设厅
　　　　中信建筑设计研究总院有限公司

湖南卷：湖南省住房和城乡建设厅
　　　　湖南大学
　　　　湖南大学设计研究院有限公司
　　　　湖南省建筑设计院

广东卷：广东省住房和城乡建设厅
　　　　华南理工大学
　　　　广州瀚华建筑设计有限公司
　　　　北京建工建筑设计研究院

广西卷：广西壮族自治区住房和城乡建设厅
　　　　华蓝设计（集团）有限公司

海南卷：海南省住房和城乡建设厅
　　　　海南华都城市设计有限公司
　　　　华中科技大学
　　　　武汉大学
　　　　重庆大学
　　　　海南省建筑设计院
　　　　海南雅克设计有限公司
　　　　海口市城市规划设计研究院
　　　　海南三寰城镇规划建筑设计有限公司

重庆卷：重庆市城乡建设委员会
　　　　重庆大学
　　　　重庆市设计院

四川卷：四川省住房和城乡建设厅
　　　　西南交通大学
　　　　四川省建筑设计研究院

贵州卷：贵州省住房和城乡建设厅
　　　　贵州省建筑设计研究院
　　　　贵州大学

云南卷：云南省住房和城乡建设厅
　　　　昆明理工大学

西藏卷：西藏自治区住房和城乡建设厅
西藏自治区建筑勘察设计院
西藏自治区藏式建筑研究所

陕西卷：陕西省住房和城乡建设厅
西安建大城市规划设计研究院
西安建筑科技大学建筑学院
长安大学建筑学院
西安交通大学人居环境与建筑工程学院
西北工业大学力学与土木建筑学院
中国建筑西北设计研究院有限公司
中联西北工程设计研究院有限公司
陕西建工集团有限公司建筑设计院

甘肃卷：甘肃省住房和城乡建设厅
兰州理工大学
西北民族大学

甘肃省建筑设计研究院

青海卷：青海省住房和城乡建设厅
西安建筑科技大学
青海省建筑勘察设计研究院有限公司
青海明轮藏传建筑文化研究会

宁夏卷：宁夏回族自治区住房和城乡建设厅
宁夏大学
宁夏建筑设计研究院有限公司
宁夏三益上筑建筑设计院有限公司

新疆卷：新疆维吾尔自治区住房和城乡建设厅
新疆建筑设计研究院
新疆佳联城建规划设计研究院

目 录

Contents

第五章　晋中传统建筑

第六章　晋东南传统建筑

第七章　晋南传统建筑

下篇：山西近现代建筑传承实践

第八章　山西近代建筑的传承与变革

第九章　山西现代建筑发展概述

第十章　基于环境气候的建筑实践创作

前　言

Preface

　　近年来，住房和城乡建设部加强了中国传统村落保护与发展的一系列指导工作。在组织千余人完成《中国传统民居类型全集》这一庞大的文化工程后，为了系统总结中国传统建筑精粹，传承传统建筑文化，促进现代建筑创作，又集中全国建筑科技力量，开展了《中国传统建筑解析与传承》的调查、研究和编写工作。这对于传承优秀文化，弘扬民族精神，维护地域特色，实施中华传统文化传承发展工程，具有现实而深远的意义。

　　山西地处黄河中游，是中华文明的发祥地之一。现存元代以前的早期木结构建筑，数量和完整度居全国之首。我国仅存的四座唐代木结构建筑，均在山西境内。第三次全国文物普查结果表明，山西省登记不可移动文物53875处，计有古建筑28027处，占总数的52%；据统计，山西省被国务院公布的全国重点文物保护单位共有452处，计有古建筑368处，占山西省国保单位总数的81%；在前四批省级文物保护单位309处中，古建筑计有122处，占省保单位总数的39.5%。山西传统建筑具有时代早、分布广、类型全、数量多、价值高等特点，被人们称为"中国古代建筑的宝库"。山西境内的传统村落和传统建筑，规模巨大、质量上乘，在全国实属罕见。研究山西传统建筑的区域性结构特征，是整理和挖掘传统文化的一项重要课题。山西传统建筑不仅形态丰富，而且呈地域性分布，可以分为晋北、晋东、晋西、晋中、晋东南和晋南六个区域，基本反映了山西传统建筑的技术和艺术特征。

　　从旧石器、新石器时代到古代、近代和当代，山西历史文化上承尧、舜、禹，下接近代工业革命和新中国"一五计划"，序列完整、源流清晰，留下了丰富的物质和精神财富。本研究成果分为绪论、上篇和下篇三部分内容。其中，绪论部分对山西省的自然环境、历史文化、建筑演变及传承和发展困境，做了深入浅出的归纳分析；上篇部分从地理环境、聚落格局、传统建筑、特征要素和设计理念等不同层面，分门别类地分析、研究了晋北、晋东、晋西、晋中、晋东南和晋南六个区域的传统建筑。下篇部分梳理、分析了山西近现代建筑的发展、传承、变革，以及基于地域环境的现当代建筑创作实践和探索。

　　课题组成员分别参加了相应工作，课题统筹及各章节分工如下。

王金平、薛林平、冯高磊、杜艳哲、孔维刚负责完成：课题统筹指导工作；

王金平、薛林平负责完成：前言、第一章、后记；

韩卫成、赵俊伟、王建华负责完成：第二章；

潘曦负责完成：第三章；

韩卫成、赵俊伟、张钰、高明、石玉、胡盼负责完成：第四章、第七章；

王鑫、薛林平、杜艳哲负责完成：第五章、第十章、第十四章；

郭华瞻负责完成：第六章；

郭华瞻、武晓宇负责完成：第八章；

石玉、薛林平、韩丽君负责完成：第九章；

胡盼、薛林平负责完成：第十一章、第十三章；

刘进红、赵俊伟负责完成：第十二章；

始自2003年，山西省住房和城乡建设厅就组织国内外专家，对省域范围内的古城、古街、传统镇村，进行系统的普查、研究工作。并支持、资助出版了《山西古村镇历史建筑测绘图集》、《山西古村镇系列丛书》；"十一五"、"十二五"期间，山西当地学者编写了"山西文物精华丛书"《民居城池》、"中国古建筑丛书"《山西古建筑（上、下册）》等著述；参加编写了《中国传统民居类型全集部分》山西部分。这些以地域传统建筑为研究对象的一系列成果，为《中国传统建筑解析与传承　山西卷》的顺利完成，打下了坚实的基础。在此，对科研工作者付出的艰辛劳动，致以真挚的谢意。

课题组工作得到了住建部村镇司领导、专家，山西省住建厅领导、专家的悉心指导和大力支持，在此一并表示衷心的致谢。

第一章　绪论

　　山西省简称"晋"，别称"山右"，是中华文明的发祥地之一，境内文物遗存众多，居全国之首。第三次全国文物普查结果表明，山西省登记不可移动文物53875处，计有古建筑28027处，占总数的52%；据最新统计，国务院公布的山西省全国重点文物保护单位共有452处，计有古建筑368处，占山西省国保单位总数的81%；在现有的省级文物保护单位309处中，古建筑计有122处，占省保单位总数的39.5%。[①]山西古建筑具有时代早，分布广，类型全，数量多，价值高等特点，被人们称为"中国古代建筑的宝库"。众所周知，建筑的产生、发展与演进，与其周边环境是分不开的。人类的生存离不开地理环境，作为一种人工环境，建筑是地表系统的组成部分。[②]阐明山西特定的人、建筑与地理环境的关系，是研究山西传统建筑必不可少的环节。

---

① 此处统计资料数据，来源于山西省文物局文物处。
② 潘树荣等. 自然地理学（第二版）[M]. 北京：高等教育出版社，1985.

第一节　地理环境述略

一、自然地理环境述略

人类文明的发展程度，影响着建筑对自然环境的依赖程度。在相对低的文明程度中，自然条件产生了较大的影响；相反，在文明发展的高级阶段，自然因素的影响效果较小。[1]现存的山西传统建筑，大到衙署、庙宇，小到民宅、宗祠，无论是何种类型，较多为采用生土、砖石等材料砌筑的窑洞，或单独建造，或与木结构建筑混合建造，形成因境而成，随形就势的外观形象，是适应省境所处的黄土高原地质、地貌、气候、资源等自然条件，因地制宜，匠心独运的结果。

在这样的状态之下形成的建筑形态，在自然环境中有更大的适应性，以提高、发展、进化并最终形成在特定的地理特征下的古建筑风格。

（一）地理区域位置

山西位于黄河中游，地处华北平原的西部，属内陆省份。山西东与河北省毗邻，太行山是其天然屏障；西与陕西省相望，两省之间以黄河大峡谷为堑；北有内、外长城，与内蒙古分界；南接河南省，以中条山、黄河分野。东、西、南三面与邻省有天然界限，自然地理内向、封闭。省境南北长680多公里，东西宽380多公里，总面积15.63万平方公里，总的来看犹如平行四边形。因其"东则太行为之屏障；西则大河为之襟带；北则大漠、阴山为之外蔽；而句注、雁门为之内险；南则首阳、底柱、析城、王屋诸山滨河而错峙"。外河内山，山川形势险固，素有"表里山河"之美称。[2]形成背负西北高原大山，俯瞰东南广袤平原的雄浑地势（图1-1-1）。[3]

（二）地形地貌

山西境内分布有丘陵、盆地、台地等多种地貌类型。山地和丘陵占80%以上，平地不足20%，属多山地区，地形较为复杂。靠近河川沟谷处有较少基岩裸露，大部分地区被黄土覆盖，厚度约在10～30米之间。省境地表支离破碎，森林资源匮乏。山西全境地势起伏，高低悬殊，山峦叠嶂，梁峁相连，沟壑纵横，南北高差2800余米。根据地貌类型的差异，全省可划分为三个部分：东部山区、中部盆地和西部高原。由于受地形地貌的影响，建筑可分为平地和山地两种形态。一般而言，城乡聚落多分布在较为开阔的河沟阶地。在一些沟壑纵横的地带，沿沟崖两侧形成窑洞山村。一些地处黄土丘陵的村庄，往往依山靠崖，掘土为窑。靠河沟处，多有石头分布，常用混石垒砌窑洞。在一些易于开采煤炭的地方，烧砖较易，多用青砖砌筑窑洞。锢窑即为砖石砌筑，内部空间形成台院式，更适用于复杂的地形变化。然而在盆地中则往往选用砖木结构，壁垒森严、庭院深深、较大规模的建筑群因而形成（图1-1-2、图1-1-3）。

（三）地质情况

山西地处黄土高原，地表广布黄土，按照生成的年代，可划分为古、老、新和现代黄土四种类型。地质学家和考古学家曾在山西隰县午城的古黄土地层和山西离石的老黄土地层内，发现了中更新世的动物化石，故将古黄土和老黄土分别称为"午城黄土"和"离石黄土"。新黄土也称之为马兰黄土。以上四种黄土的地质特征和力学特性，各有不同。午城黄土没有较大孔隙，也无湿陷性，质地紧密、坚硬，柱状节理发育，是黄土丘陵区中、下层的重要组成部分，难于"穿土为窑"。离石黄土面积广阔，细腻而均匀，其中还含有一定比例的姜石，使得土质细密，壁立5～10米而不倒，所以是开挖黄土窑洞最理想的层位。山西是黄河中游黄土构

① 彭一刚. 传统村镇聚落景观分析[M]. 北京：中国建筑工业出版社，1992：5-37.
② （清）王轩. 山西通志（清光绪十八年）[M]. 北京：中华书局，1990：7038.
③ 侯伍杰. 山西历代纪事本末[M]. 北京：商务印书馆，1999：5.

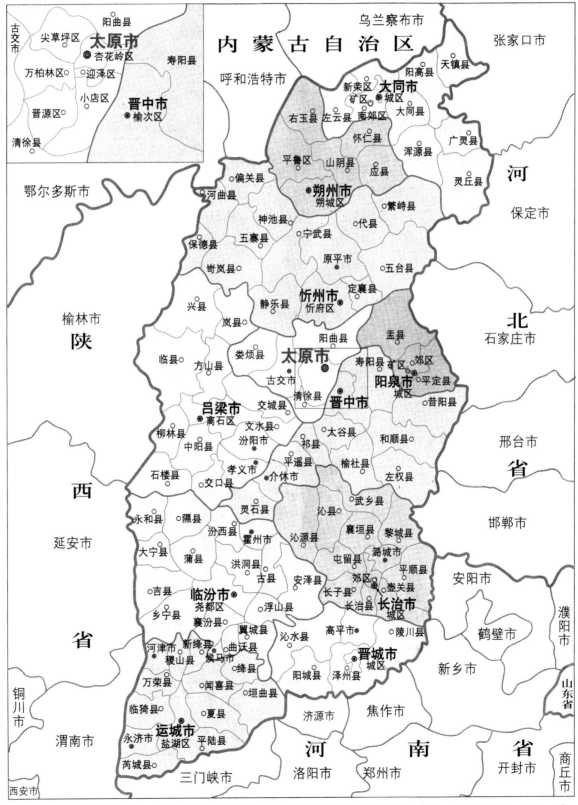

图1-1-1 山西省政区图（来源：中华人民共和国民政部编. 中华人民共和国行政区划简册2014. 北京：中国地图出版社，2014. 3）

图1-1-2　晋西地貌特征（来源：王金平 摄）

图1-1-3　晋东南地貌特征（来源：王金平 摄）

造的主体，境内广布离石黄土。就山西黄土地层的构造而言，一般认为可分为三个层次，上部为马兰黄土，中部为离石黄土，下部为午城黄土。这样的地质构造为山西早期窑洞建筑的产生和发展提供了得天独厚的地理及资源条件。在生产力水平极度低下的原始社会，黄土最容易被古人利用，掘土筑窑。从而使山西成为中华文明发育最早的地区之一。

（四）气候分区

　　概括来讲，山西的气候可分为6个区域。即晋北中温带寒冷半干旱区；恒山、五台山、芦芽山、吕梁山山地暖温带温冷半湿润区；忻定、太原盆地暖温带温冷半干旱区；晋西暖温带温冷半干旱区；晋东南暖温带温冷半湿润区；晋南暖温带温和半干旱区。山西的气候特征可归纳为五点：一是高低温差悬殊，昼夜温差大。山西气温冬季较长，寒冷干燥，夏季则高温多雨，年平均气温为6.5～9.0℃，最大日差在

24～31℃之间。白天气温高，日照充足，夜间气温低，寒气逼人。二是日照丰富，仅次于青藏高原和西北地区。全年日照时数可达2200～2900小时，年日照率为58%。山西南部日照时数2258小时，日照率51%，北部地区日照时数2818小时，日照率64%。三是春季气候多变，风沙较多。由于春季风大，位于黄土高原的山西，土壤松弛，植被覆盖差，当大风袭来时，多刮起大量的黄土与砂石，易形成沙尘暴、扬沙、浮尘等天气。四是干燥。年平均降水量为450毫米，而年平均蒸发量却很大，是降水量的4倍。春季气温回升快，蒸发力强，空气干燥，故有"十年九旱"之说。五是冬季干冷少雪，冬旱时有发生。山西冬季寒冷干燥，最大冰冻层年均125厘米左右。由于冬季多风少雪，极易发生冬季干旱。受此影响，建筑常以火炕的形式取暖。

（五）资源条件

　　山西传统建筑形成于公元前3000年至战国秦汉时期，此时的山西，森林面积约占63%，草地面积约占6%，自然条件较好。丰厚的自然资源条件及古人精湛的手工艺水平，为建筑的早期发展提供了物质资源保障。据载，在晋南中条山南麓的黄河岸边，森林密布，以檀木为主。汾河、涑水河流域，则有桑、榆、栗、竹、漆等各种树木，其中大量的漆树为山西髹漆技术的发展奠定了基础。即便是当时的吕梁山脉，仍然被森林覆盖。晋东南地区的沁河、丹河流域以及晋北地区也是林木茂盛。这些原始森林，由南至北，为传统木结构建筑的发展提供了丰富的物质基础。山西矿产资源丰厚，煤、铁、铜、石膏等分布广泛。据文献记述，山西的煤炭开采历史比较悠久。北魏时，山西已熟练掌握了煤炭的充分利用技术，到唐代时煤炭的开采更为普遍，在宋元时期，就已经成为国家的主要产煤地区，至元、明、清时期，煤炭更是广泛用于烧砖、制瓦、冶陶等领域。建筑的结构、构造和材料发生了质的变化。此外，还将煤炭广泛应用于金属的冶炼。山西不少地方铁矿资源丰富，据《汉书·地理志》记载，当时设有铁官的郡县全国计49处，涉及山西的就有河东郡的安邑、

皮氏、平阳、绛，以及太原郡的大陵。当时山西铁矿的开采、冶炼分布于晋南汾河谷地、中条山南北、晋中太原盆地和晋东南上党盆地等地区。建筑的铁制构件非常普遍，如避雷针、铁箍门、铺首、屋脊、门钉等。还有一些城堡建筑，是用冶炼铁件废弃的坩埚叠砌城墙，令人惊叹不已，如阳城县砥洎城。也有用铜建造殿堂的，如五台山显通寺铜殿等。春秋战国时期，山西制陶手工业非常发达，不仅烧制大量的生活用品，而且还广泛用于建筑中。山西出土了大量的早期板瓦、筒瓦、瓦当、瓦钉、栏杆等建筑构件，其技艺水平已达到一定高度。从近年来山西出土的汉代砖墓来看，空心砖的制作工艺高超。形制多样，不仅有矩形、方形、三角形，而且还刻有植物、人物、文字等花纹图案。说明秦汉时期，与建筑材料有关的手工业作坊，已在山西广泛分布。从山西现存的琉璃砖塔、琉璃影壁、寺庙琉璃瓦作等建筑构件上来看，及至明代，山西陶的制作业已炉火纯青，为明清时期建筑的发展，提供了条件（图1-1-4、图1-1-5）。[①]

图1-1-4 坩埚城墙（来源：王金平 摄）

图1-1-5 北魏平城遗址出土瓦当（来源：王金平 摄）

二、人文地理环境述略

考古发现表明，180万年之前甚至更早，就有人类在山西这块土地上劳作、生息、繁衍。山西的文明发育较早，源远流长。[②]人类自产生以来，便具有两种属性，即自然性和社会性。作为社会的人，不仅要有栖息处所，还需要有各种社会交往的场所。大到城镇，小到乡村，有了不同层次的场所，便会产生不同层次的秩序和等级，从而产生不同层次的认同和归属感。这是一种具有意识形态的人类的本能和反映，是一种心灵和精神上的满足，体现了强烈的社会性。因此，建筑还必须反映社会的文化、意识，人类的行为、风俗等，还需要处理好人与社会的关系。在这种意义上，可以说任何一种建筑形态的产生，都是社会的一面镜子，是人与人之间关系的物质反映。

（一）历史背景

在古代的文献中，《禹贡》最早记录了山西的地理区位。据此可知，山西古代属于冀州，是中华民族的始祖炎、黄二帝最主要的活动地区之一。地处襄汾县的陶寺遗址，随着考古发掘的日益深入，尽管学界少数人持有不同看法，但认为是"尧都平阳"的见解越来越趋一致，说明该城址不仅是帝尧的活动场所，同时也是中华五千年文明史之源头。

① 杨纯渊. 山西历史经济地理述要[M]. 太原：山西人民出版社，1993：225-247.
② 据考古发现，山西旧石器时代的文化遗址目前已达252处。山西南部芮城西侯渡遗址是我国最早的用火处。距西侯渡不远匼河遗址距今也有70万年。从西侯渡、匼河、丁村（距今10万年，位于山西襄汾黄河左岸）到下川（距今2万年，位于山西沁水），形成山西旧石器文化发展的序列，证明山西是人类起源的重要地区，是中华民族的发祥地之一。

山西的晋南及晋东南地区，夏代时曾是先民聚居和活动的重要地区。公元前17世纪至11世纪，山西是商王朝的重要统治区域，今山西翼城、侯马一带，河汾以东的广袤地区，是尧的后裔唐国属地。周代时，周成王分其弟叔虞于此，后改"唐"为"晋"，晋国由山西境内崛兴，"晋"成了山西省的简称，据《左传》载，当时晋国有50余县，记有县名的有12个。战国时期，韩、赵、魏三家分晋，"三晋"遂成为山西的别称。秦统一后，在今山西境内置5郡21县，其中5郡分别是河东郡（治安邑）、太平郡（治晋阳）、上党郡（治长子）、代郡（治代县、河北蔚县）和雁门郡（治善无）。西汉平帝时，山西中、西部属并州刺史部，领雁门郡、太原郡、上党郡、西河郡和代郡等，而山西南部则属司隶校尉都的河东郡。此时，以太行山来划分山东、山西，《后汉书·邓禹传》有"斩将破军，平定山西"的说法，表明"山西"作为地区名称开始出现。隋统一全国后，山西境内有14郡，分别是长平郡、上党郡、河东郡、绛郡、文城郡、临汾郡、龙泉郡、西河郡、离石郡、雁门郡、马邑郡、定襄郡、楼烦郡及太原郡。

唐太宗李世民起兵太原，建立了唐王朝。因此，山西是"龙兴"地，山西为腹地的唐帝国，太原是唐王朝的"北都"或"北京"。到了五代，山西仍然对中国北方的政治和军事形势起着决定性的作用。宋、辽、金时期，山西进一步繁荣，是中国北方地区经济文化发展的中心。元代，11个省，山西和山东、河北，并为元王朝"腹地"，大同市、平阳（现在临汾）、太原市已成为著名的黄河盆地都会。当时山西地区经济繁荣、文化昌盛，曾受到意大利旅行家马可·波罗的盛赞。明代实行省、州（府）、县三级制，初设山西行中书省，不久改为山西承宣布政使司，领5府、3直隶州、77县。其中，5府分别是平阳府、太原府、汾州府、潞安府及大同府。清朝前期一直延续明朝之建制，清雍正三年（1725年）增置朔平、宁武2府，雍正六年（1728

年）升泽州、蒲州为府，从此山西省领9府、10直隶州、6散州、12直隶厅、86县，山西作为一个完整的地方行政区正式置省由此开始。[①]明、清两代，山西的商业迅猛发展，领全国之先。晋商号称中国十大商帮之首，其足迹东出日本，北抵沙俄。不仅创造了中国商业金融的辉煌，同时也创造了适合自身生存环境的、灿烂的古代建筑文化（图1-1-6）。

（二）民族熔炉

自古以来，山西是各民族频繁接触的地带之一。古代山西，南部以农耕经济为主，北部以游牧经济为主，大致分为两大经济类型区，文化分界十分明显，从而导致山西农耕经济的不平衡发展。比如晋西、晋北地区，早在夏商周时期，农耕经济已有不同程度的发展，但与同时期以及以后的河东、晋中、晋东南地区相较而然，则属落后的发展状态。明代之前，这些地区仍然保留着相对稳定的农牧并重的经济方式。[②]明代以后，由于政府采取了垦荒与屯田措施，使得该地区的农耕经济得到进一步发展。农耕经济的发展对于定居和聚落的产生，其影响作用非常显著。《随书·食货志》载："百姓立堡，营田积谷"。在今天，所谓"堡"和"屯"，是一种聚落的称谓，延续至今，已成为山西特有的村名。此外，山西是中原文化与北方文化的过渡地带，三晋文化具有兼容并包的特点。《墨子·节葬篇》载："尧北教乎八狄，舜西教乎七戎，禹东教乎九夷"。所谓"教"，就是文化上的融合与传播。早在西周时期，晋国就采取了"启以夏政，疆以戎索"的治国方略，及至春秋，发展成为"和戎"政策。多民族在经济文化上相融相合，使得山西的文化艺术，更多地反映出多元文化的特点。中华一系的认同感，在山西境内早已形成。山西北朝、辽金时期的建筑、造像艺术，就是最好的反映。历史上，山西与匈奴、鲜卑、突厥、契丹、女真等

① 山西省地图集编纂委员会. 山西历史地图集要[M]. 北京：中国地图出版社，2000：80－82.
② 杨纯渊. 山西历史经济地理述要[M]. 太原：山西人民出版社，1993：73－77.

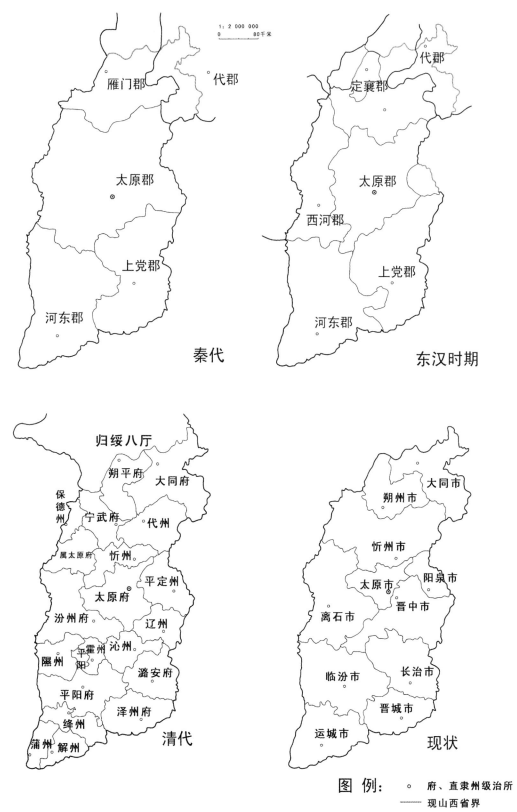

图1-1-6　山西历代政区演变示意图（来源：引自《山西省历史地图集》）

北方强族世代为邻，在与北方民族的文化交流中，起着熔炉的作用。山西地跨两大文化区的特征，对建筑的产生、发展与演进，产生了深远的影响。苏秉琦指出："中原仰韶文化的花、北方红山文化的龙、江南古文化均相聚于晋南"。[1]据考证，传说中的土方和鬼方在今山西的晋西地区。从出土的大批文物来看，山西一些地区的商代文物既有殷商文化的特点，同时也吸收了我国北方斯泰基文化的特色，其艺术形式表现出与东欧、中亚细亚和北方草原在题材、结构和风格上的明显统一。宋、辽、金时期，山西隔黄河与西夏王朝相望。西夏王朝在吸收华夏族先进文化的同时，仍然主张按照党项族的风俗习惯安邦立国，反对礼乐诗书，认为"斤斤言礼言义"，绝没有益处。

（三）京师锁钥

自然条件的形成，具有得天独厚的形成原因，当地的民俗风情和独特的地理特点。因为是汉唐和宋元的重要连接交通要塞，连接北京、开封和山西的重要的战略枢纽，成为历年来兵家的必争之地，即"京畿屏藩"。这种屡近京师的政治地理区位，是其他任何一个省份都不具备的。比如蒲州，《纪要》载："控居关河，山川要会。自古有事争雄于山河之会者，未有不以河东为襟喉者也"。[2]又如泽州："山谷高深，道路险窄，自晋阳而争怀孟，由山东而趋汴洛，未有不以州为孔道者也"。[3]再如大同："北控沙漠，南障冀幽，据天下上游"。[4]在山西，类似前述这样的地区，比比皆是。晋文公称霸中原、汉高祖白登之围、曹操安置五部、五胡十六国乱华、拓跋氏建都平城、李渊父子龙兴并州、北宋征讨北汉、辽金建立西京等，中国历史上的每一次重大变革，无不都与山西有着千丝万缕的不解之缘。尤其到了明代，"明既定都于燕，而京师之安危常视山西之治乱，盖以上游之势系于山西"。[5]因此，在明代初期，全国范围内设立的九镇中，仅在山西就有两处，即大同镇和山西镇。其中，大同镇为山西行都指挥使司驻地，分管山西北部长城，又称外边；山西镇初名太原镇，驻宁武关城，分管外三关防务，也即内边。由于军事的需要，大同镇设10卫、7所、583堡寨，山西镇设2卫、4所、58堡寨。明朝还采取"开中制"的政策，鼓励商人经营边贸，山西商人在明清两代又一次崛起，以其雄厚的经济实力，在其所在的家乡大规模修建宅邸，富甲一方。到了清代，这些军事据点其军事功能逐渐淡化，慢慢地演变成民堡，随着人口的不断繁衍，有的形成行政村，有的形成自然村。正因为如此，时至今日，冠之以"堡""垒""壁""坞""寨""镇""卫"等名称的城乡聚落，遍布三晋大地。

（四）史前聚居

山西是我国旧石器文化遗存较丰富的地区，境内已发现252处，形成了山西旧石器文化发展序列。[6]早期旧石器遗址分布于晋西南黄河沿岸、汾河中下游地区及中条山南麓垣曲盆地，山西北部恒山也发现了1处。旧石器时代中期，山西境内分布着南北两种不同类型的文化遗存，重要代表为北部桑干河流域的许家窑遗址和南部汾河流域的丁村遗址。旧石器晚期文化遗存遍布全省各地，重要代表有朔州峙峪遗址、沁水下川遗址及吉县柿子滩遗址等。充分地说明了早在旧石器时代，在山西这片土地上就存在人类的繁衍生息。这一推论是具有事实根据的验证，在山西和顺、陵川地带考古发现，现存有4万年前的洞穴遗址。该遗址是早期人类的聚居地，成为后来人工穴居的开端。此外，在山西朔州峙峪遗址还发现了1处露居遗址，峙峪人在平坦的沙滩和大石头周围建约4～5米直径的圆形栏

① 苏秉琦. 华人・龙的传人・中国人[J]. 中国建设. 1987：9.
② （清）王轩. 山西通志（光绪18年）[M]. 北京：中华书局，1990：7043.
③ （清）王轩. 山西通志（光绪18年）[M]. 北京：中华书局，1990：7044.
④ （清）王轩. 山西通志（光绪18年）[M]. 北京：中华书局，1990：7045.
⑤ （清）王轩. 山西通志（光绪18年）[M]. 北京：中华书局，1990：7041.
⑥ 国家文物局. 中国文物地图集・山西分册[M]. 北京：中国地图出版社，2006：62－63.

杆，用草或兽皮来建立一个简单的房间，是山西木结构建筑最早的雏形。说明旧石器时代晚期，山西境内至少已有了土、木、石三种构建方式。① 山西目前已发现新石器时代文化遗址2179处，初步建立起新石器时代的文化发展序列。② 大约距今8000～10000年以前，人类已开始定居。定居下来，提高生产力水平，人工洞穴成为当时山西人生活的主要类型。较早的新石器文化遗存主要集中在临汾盆地和漳河流域，在洞穴的形状简单形成的开始，剖面形态呈喇叭口，平面呈不规则圆形或椭圆形。仰韶文化早期遗存，全省仅发现28处，主要分布在晋南和晋中地区，以晋西南地区最为集中，此时的住屋呈地穴式或半地穴式。仰韶文化中期即庙底沟类型遗存，全省已发现396处，是仰韶文化在山西地区最繁荣昌盛时期。山西翼城县北橄乡北橄村南发现有该时代的村落遗址。村落遗存可分为三种类型：即小型方屋、中型方屋和圆形房屋。这一时期，建筑已脱离竖穴向地面发展，屋顶已有四角、攒尖、四面坡式等不同类型，室内设火塘用来取暖。仰韶文化后期遗存，在山西省发现378处，分布在晋南、晋中、晋西南等区域，由于地域的差异和周边文化之影响，在文化形态上呈现多样化。山西境内龙山文化遗存有1120处，可分为三里桥、陶寺、白燕和小神四个类型，地域特征比较明显。晋西南的三里桥类型和晋南的陶寺类型，其文化序列较为清晰。晋西南的遗存主要分布在运城盆地和中条山南麓黄河沿岸，文化景观与河南陕县三英里桥极为相似，属于龙文化三英里桥。襄汾陶寺遗址是晋南龙山文化的典型，约4500～4000年前，遗址发现了城址、水井、窑和公共墓地，等级明确，由于文化的明显特征，被称为"陶寺类型龙山文化"。而太谷白燕遗址和长治小神遗址，则分别反映了晋中和晋东南的龙山文化特征。这一时期是山西土窑洞的创立和定形期，表现为聚落规模进一步扩大；在延续半地穴式房屋的同时，增加了地面建筑和窑洞两种形式；甚至出现在一起的排房和"吕"字形的双室住房结构；地面一般采用石灰和石灰墙裙。③ 综上所述，在人类早期的居住过程中，山西取得了高水平的发展，但区域发展很不平衡，黄河、汾河和山西东南部发展较快，而其他地区发展缓慢。同时，文化特征也表现出地域分布的特点，这是山西古建筑群分布多样化的原因之一。

三、传统建筑的社会意识

山西境界由山河分开，自然封闭，山区因交通不便，严重阻碍了人类社会的广泛交往。缺乏社会交往是很容易导致人们产生保守的社会心理。艰苦的生活，和大自然的斗争逐渐形成了独特的文化意识。对天地的崇拜，对众神的崇拜，对风水的禁忌，尊重血缘关系，努力追求事业和文化宝藏等，无不在建筑中有所体现。

建筑的建造，反映了约定俗成的禁忌习俗。这些禁忌限制了人们的思想和行为，体现在设计和建设的各个方面，如：选择土地、破土、基础、墙、顶、梁、择日、装修及入口位置。房间的间数，房屋的高度等都有相关的禁忌。在选择基址时，禁忌在干燥或阴凉潮湿的地方和没有树木生长之地。认为凡是城门口，监狱门口，百川口等地方绝不是建房的佳址。但是，如果在山区，一些住房是不一定选择坐北朝南，高的一面作为主屋方向。剩下的为配房，体现人崇高的心理支配。如果一方房子比另一个低，那么在中间的屋顶上往往多建一砖高，或建立一个类似庙宇的小建筑，以保持平衡。居高不让者，显然有居高临下之势，以势压人，据说会压了别人的运气和吉利。此外，若是在房屋顶上修吉兽或猛兽者，不能让吻兽张开的大嘴面对别人家，有吃掉他人之嫌。另外，也有"居不近市"的说法，显然是受"以农为本"的思想影响（图1-1-7）。

① 国家文物局. 中国文物地图集·山西分册[M]. 北京：中国地图出版社，2006：99-101.
② 中国文物地图集·山西分册[M]. 北京：中国地图出版社，2006：64-69.
③ 中国文物地图集·山西分册[M]. 北京：中国地图出版社，2006：101-105.

　　山西流传着一句俗语："八月十五庙门开，各路神仙一起来"。山西农村社会的一个突出特点是不统一的宗教，与多神崇拜的折中特色，这主要是由于古代"万物有灵"的想法。山西境内属于巫神寺庙遍及各地，人们祈祷，不是对某种宗教信仰，而是为了生活，希望得到神灵的帮助，带有鲜明的实用性和功利性。事实上，村民们并不关心深奥的教义和世界观之类的问题，他们相信宗教的目的是解决现实生活中的实际问题。受此影响，山西民间信仰十分复杂，天地人阴都可以找到信仰。不仅如此，无论是中国、外国或本地，逢神必拜。这就是山西民间信仰的特点。

　　一般而言，传统建筑体现着封建礼制的等级观念。这实际上是与农耕经济的生产方式分不开的。远古的农业需要由氏族的家长组织一定规模的集体劳动，以维护家长的地位，这样便很容易借助祖先崇拜的方式形成等级观念，并加强血缘关系。此外，以村为单位的民间自治组织在山西也很发达，到清代更趋完备。"社制"便是其中的一种，这种组织具有完备的组织机构和等级秩序，一般由"纠首"行使行政权力，主持以村为单位的祭神、庆典、庙会、社戏等活动。通常，等级观念表现在社会方面的有天、地、君、亲、师等尊卑顺序；表现在家庭内部的则为长尊幼卑、男尊女卑、嫡尊庶卑。在山西，则常常体现为上窑为尊，厦窑次之，倒座为宾的等级秩序。

　　在山西，通过科举仕途改变生活环境是最为有效、立竿见影的手段，所以当地先民处处流露着对文化的敬意和对书卷纸墨的珍惜，而且"耕可致富，读可荣身"的观念也很突出，所以在一些砖雕、木雕、剪纸、炕围画等艺术形态中，常常可以看到以"劝学"为主要内容的表现题材，如"三娘教子""渔樵耕读""连中三元"等。而且在一些匾额和对联上也常有体现，如"耕读传家""天下第一等人忠臣孝子、世上头二件事耕田读书"等。此外，在不少聚落中，还常常建有文昌阁、魁星楼、文峰塔等一类的建筑物，希望文曲星降临，村中能多出文人。这无不都体现着当地乡民的一种崇文心态（图1-1-8）。

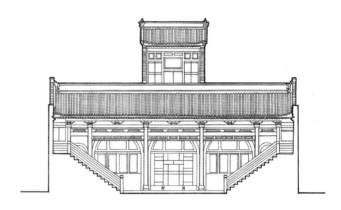

图1-1-7　平遥民居风水楼（来源：《平遥古城与民居》）

图1-1-8　阳曲青龙镇村文昌祠（来源：王金平 摄）

第二节　历史沿革

　　山西传统建筑的营造活动，历经了原始社会、夏商周、秦汉、三国两晋南北朝、隋唐五代、宋辽金元、明清近七千年的历史。从旧石器时代的天然崖洞，到新时期时代穴居的发展阶段，这一时期为"萌芽期（远古～公元前2100年）"。从"茅茨土阶"阶段到"台榭建筑"时期，历经夏、商、西周、春秋、战国，这一时期"雏形期（公元前2100年～前221年）"。进入秦汉时期，营造活动高潮迭起，抬梁式、穿斗式木构架及斗栱普遍使用，标志着木构架建筑体系基本定型，这一时期为"定型期（公元前221年～公元220年）"。在继承秦汉传统营造技术的基础上，吸收、融合了西域文化，出现了寺庙、佛塔、石窟等佛教建筑类型，历经三国、两晋、南北朝，这一时期为"发展期（公元220年～公元581年）"。隋唐以降，建筑的技术炉火纯青并不断创新，木结构中的等腰三角形和梯形组合的抬梁式体系，进入了定型化和标准化的成熟期，这一时期为"成熟期（公元581年～公元907年）"。历经五代、辽、宋、金、元五个朝代，木结构中的直角三角形与等腰梯形的抬梁式体系，用材进一步标准化、制度化，进入了创新转型期，这一时期为"转型发展期（公元907年～1368年）"。明清之际，从模数和用料标准化、制度化的结构简练，到用材减小及装饰繁琐的创新定型化，这一时期为"创新定型期（1368年～1840年）"。

一、从"萌芽期"到"定型期"（远古～公元220年）

（一）"萌芽期"（远古～公元前2100年）

制作劳动工具，是人类劳动水平的体现。从"打制石器"的使用，到"磨制石器"的使用，标志着人类由"粗"到"细"，从旧石器时代迈入到新石器时代。旧石器时代非常漫长，将近300万年。大约在1万年前，人类才开启了新石器时代。地处黄河流域中部的山西省，是我国古代文化的中心区域之一。地表广泛分布黄土，在原始社会生产力水平低，最有可能形成穴居，促进原始聚落的形成和发展。在人类学上，人们将原始人类划分为猿人、古人和新人，用来表达不同的发展阶段。距今180万年的山西省芮城县西侯度遗址，曾出土了原始的刮削器、砍斫器和尖状器，被学界称之为最早的用火人，此时的原始人类被称为"猿人"，常常居住在天然岩洞中。大约在距今20万年前后，原始人类已学会制作交互打击器和圆形的刮削器，说明此时制作石器水平较前更进一步，学界将这一时期的原始人类称之为"古人"。山西省襄汾县丁村遗址距今已有20万～10万年的历史，此时的"古人"已有聚居的迹象，集体居住在山洞中。大约从距

今5万～4万年开始，人类已具备了现代人的特征，被称之为"新人"。这一时期，石器、骨器的制作更加精良，复合工具的使用日益广泛。考察距今2.8万年前的山西朔州峙峪遗址，可知这一时期的人类已经学会建造圆形矮墙，以树干作为骨架，用草或兽皮搭成简单的居室。约在距今1万年前后，人类进入了新石器时代，原始农业、畜牧业得以发展，制陶、制革、纺织技术也已产生。从山西省翼城县北橄、襄汾县陶寺、石楼县岔沟等遗址来看，地处黄河流域的山西，从穴居、半穴居，到地面以上的木骨泥墙房屋以及横穴居、竖穴居等，诠释了山西古代建筑与城市之萌芽（图1-2-1）。

（二）"雏形期"（公元前2100～公元前221年）

历经夏、商、西周、春秋、战国，中国的古代建筑从"茅茨土阶"发展到"台榭宫殿"。这一时期，随着手工业和农业的分工，青铜器和后期铁器的使用，陶瓦烧制等技术的出现，斧、刀、锯、凿、钻、铲等工具的使用，促进了城濠、庭院建筑、高台建筑的形成。夏、商木构技术与夯土技术的结合，形成"茅茨土阶"建筑；瓦的发明使西周建筑从"茅茨土阶"的简陋状态，进入了"瓦屋"营造新阶段，闾里制形成，标志着里坊之萌芽；春秋、战国瓦的普遍使用和砖的出现，夯土技术以版筑法为主更趋成熟，推进了城濠格局，"前堂后室"和庭院布局已经形成，采暖、排水、冷藏、洗浴设施也已出现。据《考工记》载，都邑营造布局的里坊制已见雏形，是中国古代城市规划思想最早形成的时代。以阶梯形夯土台为核心，倚台逐层建木构房屋的土木结合新方式，创造了大体量高台建筑。榫卯结构更加纯熟，斗栱开始运用，出现了两坡、攒尖屋顶和四阿重屋。彩画、雕刻、壁画等装饰的出现，说明我国木构建筑体系要素初见端倪，标志着建筑进入了雏形期。

（三）"定型期"（公元前221年～公元220年）

秦初，山西的河东、太原、上党三郡经济繁荣，在全国处于领先地位。除了铁器的普遍使用外，砖瓦制作业也非常发达，建筑材料的手工作坊非常兴盛。汉代时期，随

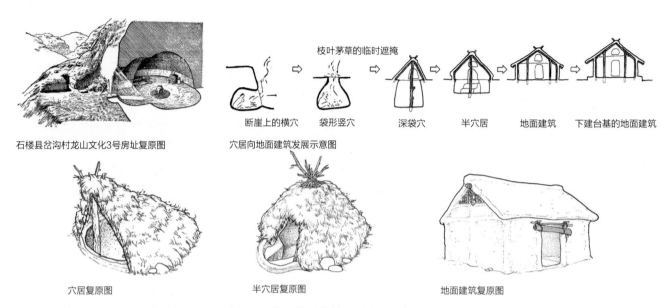

石楼县岔沟村龙山文化3号房址复原图　　穴居向地面建筑发展示意图

枝叶茅草的临时遮掩

断崖上的横穴　　袋形竖穴　　深袋穴　　半穴居　　地面建筑　　下建台基的地面建筑

穴居复原图　　　　　　半穴居复原图　　　　　　地面建筑复原图

图1-2-1　黄河流域建筑演进示意图（来源：依据《考古学报》、《考古》等期刊资料 绘制）

着抬梁式、穿斗式木构架和斗栱的普遍使用，标志着中国木构架建筑体系基本定型。这一时期，国家统一，国力富强，文化艺术及科学技术取得了许多重大成就。农业、手工业的发展，促进了商贸经济的发展，形成了中国历史上经济发展的第一个高峰。建筑规模化，形式多样化，成为发展的主流趋势。砖、瓦形式多样，广泛使用，砖、石结构和拱券结构得以发展。汉代抬梁式和穿斗式木构架已经形成，组合式出跳斗栱使用广泛，多层木构架建筑的营造活动非常普遍。建筑类型以宫殿、楼阁、祭祀性礼制建筑和陵墓为主。汉末佛教建筑开始萌芽，东汉永平年间，官署的礼宾司"鸿胪寺"，开始成为佛教寺院的专用名词。庑殿、歇山、悬山、攒尖、囤顶等屋顶形式普遍使用。中国独特的木构架建筑体系基本定型。

二、从"发展期"到"成熟期"（公元220～公元907年）

（一）"发展期"（公元220～公元581年）

历经三国、两晋、南北朝，继承秦汉文化和吸收外域文化，随着佛教的传入，带来了印度和中亚文化，促进了佛教建筑的繁荣发展。这一时期，出现了佛寺、佛塔及石窟寺等建筑类型，推进了建筑的持续发展。经过三国鼎立和西晋的短暂统一以及东晋十六国并立和南北朝对峙的局面，形成了三百多年的民族大分裂。战争灾害频仍，朝代更迭频繁，人民生活疾苦，宗教成为人们的精神寄托。据《洛阳伽蓝记》记载，很多晋初时高官显贵舍宅为寺，使得佛教建筑盛行一时。经过北魏孝文帝的汉化改革，促进了少数民族与汉族的大融合，农业经济和科学文化得到了新的发展。依据云冈石窟可知，寺庙建筑的造型、装饰、石雕、壁画等方面，技艺水平高超，影响到宫殿、民宅建筑的发展。经历了北魏太武帝太平真君五年（公元444年）、北周武帝建德三年（公元574年）的灭佛行动，山西境内的佛寺建筑破坏严重。

三国、两晋时期，建筑技术基本沿袭土木混合结构的传统做法。这时的都城建设，采取宫城在北，里坊在南，严格了功能分区的布局规划。在继承战国时期都城建设成就的基础上，形成功能分区明确、结构布局严谨、空间对称布局、建筑秩序鲜明、里坊制度齐备的城市格局，奠定了封建社会中期的城市规划制度。南北朝时期，山西大同是北朝拓跋氏平城的所在地，在平城西部的武周山边开凿了云冈石窟，北朝文化在山西境内十分丰富。这一时期继承了三国魏朝的营国制度，里坊制有所调整，将都城内的贫民里坊逐渐迁至外城，里坊内主要有园圃、衙署、官民等。此时的佛教得到巨大的发展，汉文化与外域文化融合，创新了建筑图案、纹饰、色调与装饰技法，彩画和雕刻技术因此获得了空前的发展。佛寺建筑日益汉化，革新发展，形成了山西本土化的佛教建筑。"窣屠婆"是佛教用来埋存佛陀舍利的半球形坟墓，由古印度传入中国后，与东汉时期木结构楼阁相结合，创造了中国式楼阁式塔，既有木塔、石塔，也有砖塔。这一时期不仅产生了多层楼阁式塔，而且还发明了密檐式塔，进一步丰富了古代建筑形象。佛寺建设方面，在吸收印度及犍陀罗建筑文化元素基础上，形成了以塔为中心的"塔院式"中国佛教建筑格局。此时的山西五台山，佛寺建筑开始兴盛，佛教得以快速发展。

（二）"成熟期"（公元581~公元907年）

公元581年，杨坚废北周静帝，建立隋朝。随代规划营造了新都大兴城、东都洛阳城。隋开皇二年（公元582年），宇文恺主持规划营造的大兴城，严格区分宫殿、官署同里坊、市的界限，全城以南北为中轴线均衡对称，是"里坊制"城市规划的典型。这一时期，已经采用图纸与模型相结合，进行建筑设计，指导工程建设，营造技艺取得较大发展。隋开皇三年（公元583年），敕修北周武帝灭佛时所毁寺院，敕建慧远法师建净影寺等，此时皇室家族和官僚家族是建寺的主要力量，城市、佛寺、水利、交通工程取得较大成就。

唐代实行"均田制"等制度，打破了"门阀制度"，促进唐代国势强盛。山西的政治、经济、社会、文化、科技的发展，进入了封建社会时期的发展顶峰。建筑技术和艺术在继承两汉成就和吸收外来文化的基础上，得以创新发展。城镇规模空前宏大，殿堂壮观，寺观、塔幢建筑庄严优美、巍峨高耸，形成了气魄雄伟、布局规整的建筑风格。城镇规划和营造技术取得了辉煌成就，进入了成熟期。唐代建筑继承了隋代建筑的成就，将技术和艺术水准推向新的高潮。唐代

颁有《营缮令》，规定官吏和庶民房屋的形制等级制度，促进了建筑规模和等级的标准化。出现了绘制图样和督工督料匠。建筑材料方面除土、木、石、砖、瓦等，琉璃的烧制技术比南北朝进步，并广泛使用。唐代中期，封闭的里坊制都市布局达到鼎盛；唐代后期，因狭小的市场与迅速扩大的商品交易不协调，使里坊制逐步走向瓦解。唐代木结构营造技术纯熟，以"材"为主的模数设计理念已经形成，木构件用材比例和铺作结构趋向定型，北方的等腰三角形和梯形组合的抬梁式和长江中下游穿斗式木构架体系发展成熟。这一时期，山西留存有3处木结构建筑，分别是五台县南禅寺大殿（唐建中三年，公元782年），芮城县广仁王庙正殿（唐大和五年，公元831年）和五台县佛光寺东大殿（唐大中十一年，公元857年），其中南禅寺大殿为我国现存最早的木结构建筑。由于据最新资料考证，平顺县天台庵大殿建于后唐长兴四年（公元933年），且有明确的题记物证，所以此处不将其计入唐代建筑。

三、从"转型发展期"到"创新定型期"（公元907~1840年）

（一）"转型发展期"（公元907~1368年）

这一时期，经历了五代、辽、宋、金、元五个朝代。

据最新统计，全国现存五代时期的木结构建筑计有5处，仅山西境内就有4处，分别是平顺县天台庵大殿（后唐长兴四年，公元933年），平顺县龙门寺西配殿（后唐清泰二年，公元，公元935年），平顺县大云院弥陀殿（后晋天福五年，公元940年），平遥县镇国寺万佛殿（北汉天会七年，公元963年），占全国现存五代建筑总量的80%。五代是唐末至宋初分裂割据的特殊历史时期，依次出现于中原的后梁、后唐、后晋、后汉、后周五个王朝，为期53年。十国是前蜀、后蜀、吴、南唐、吴越、闽、楚、南汉、南平（荆南）及北汉。北汉建都晋阳，即今天的太原市，统治范围包括今山西中部和北部及陕西、河北部分地区。其余九国都在南方。五代国家分裂，政权分散，军阀当权，战乱不息，暴

君酷吏横行，民不聊生。出现人口流入僧侣阶层现象，导致了周世宗采取的限制佛教发展的措施，这一时期佛教建筑的建设收到了抑制。然而，五代的城市建设则有所创新，周世宗拓宽东京街道，拆除了临街坊墙，临街起楼开店，开"街市制"之雏形。这一时期，木结构建筑的梁架出现脊部施以蜀柱、驼峰顶承，形成了直角三角形与梯形组合的抬梁式结构。建筑用材也趋于减小，建筑结构体系趋于完美，完成了抬梁式建筑梁架结构形制的转型。

公元960年，后周大将赵匡胤结束了五代十国的分裂局面，建立了中央集权的宋朝。上承五代十国、下启元朝。这一时期政治开明，经济、农业、手工业生产均有很大发展，科学技术取得长足进步，海外贸易和私商经营繁荣，市场上的商品种类较之前代更加丰富，是中国古代历史上经济、文化教育与科学高度繁荣的时代。都城规划冲破了汉以来的封闭式里坊制度，创造了"沿街设市"的空间布局，沿街市井繁荣，商业建筑盛极一时。建筑组群的布局和建筑形态出现了创新，梁架结构继承五代形制，建筑形态趋向典雅秀丽、柔和劲健，柱网布局出现减柱的作法，铺作中出现了假昂之雏形的直昂造。宋绍圣四年（1097年）颁布了李诚编修的《营造法式》，确定了官式建筑营造标准。直角三角形与梯形组合的抬梁式结构体系得到规范。砖、石结构建筑长足发展，砖石建筑的营造技术不断提高，佛塔、桥梁营造技术纯熟，出现了大跨度的木构拱桥，亦即虹桥。张择端《清明上河图》中的"汴水虹桥"是至今唯一以绘画形式存世的北宋木拱桥。全国现存的宋代建筑计有48处，山西留存有34处，占全国宋代建筑存量的71%，而且结构清晰，质量上乘。

据最新统计，全国现存辽代时期的木结构建筑计有8处，山西境内存有3处，分别是大同市华严寺薄伽教藏殿（辽重熙七年，1038年），善化寺大雄宝殿（辽保大二年，1122年）和应县佛宫寺释迦塔（辽清宁二年，1056年），占全国辽代建筑存量的37.5%。公元907年契丹建立地方政权，与五代并立，继而与宋代对峙。形成了中国历史上继南北朝之后的又一次民族大融合。契丹在经济、文化方面与内地交流频繁，崇敬汉族文化，任用汉人为官改革习俗，借鉴汉族工匠的技艺进行营造活动，营城造郭。其木结构建筑，在继承唐代晚期和五代汉民族建筑结构的基础上，形成了中国区域性的辽代建筑结构特点，主要表现在梁栿间施以完整的出跳铺作和驼峰隔承。因契丹人崇拜日月，契丹的日月神就是皇帝和皇后，故营造佛寺坐西朝东。

1115年，女真族阿骨打称帝，建立金朝。在营造技术上，山西北部建筑受辽代影响较大，真昂和斜出跳铺作延续使用；山西中部延续宋代做法较多，假昂普遍应用。减柱和移柱的柱网布列和内额技术得以突破性发展。全国现存的金代建筑计有124处，山西留存有110处，占全国金代建筑存量的88.7%。

1206年元太祖成吉思汗统一蒙古，建立蒙古帝国。1271年元世祖忽必烈定都汉地，在接受汉族传统文化基础上，吸收多种外族文化。各民族文化相互冲击、融合，构成了多元性文化，促进了各民族文化的大交融和大发展。宗教方面以蒙古萨满教为主，伊斯兰教和基督教广泛传播，天主教首次传入，藏传佛教、道教、犹太教也非常盛行。由于多元文化的兼容，产生了许多新的建筑形式。因蒙古民族长期过着逐水草而居的游牧生活，营造技术依赖汉人工匠，蒙古帝国时代，哈拉和林城内就有汉人工匠的专住地。营造做法继承金代建筑，广泛使用移柱、减柱造，形成了多种结构形制的内额式建筑构架。真昂造铺作消失，普遍使用假昂造铺作，木构架制做多简单粗糙。都城以郭守敬规划的元大都为代表，总体布局是按照汉式建筑规划的，规模巨大、布局完整，室内装饰、色彩搭配等明显地体现了蒙古族的审美习尚。山西境内元代木结构建筑遗存众多，据不完全统计，计有350余处。

（二）"创新定型期"（1368～1840年）

1368年，朱元璋建立了明初。明朝初年采取了一系列休养生息的政策，恢复社会的经济生产，国民经济得到快熟发展，国力强盛。明朝中后期，社会经济仍然繁荣发展，科技文化取得了很大的成就，资本主义经济开始萌芽。明代是一个传统与创新交织、保守与开放并存的时代，具有明显的"转型"时代趋势。明代初期建筑基本继承元代做法，明代中期进入了简练明快的梁架结构，装饰逐渐繁华，官式建筑斗栱用材减小，出檐深度缩短，生起、侧脚、卷杀不再采用；明代刨子广泛应用于房屋营造中，故创新了建筑构件加固精细，装饰性构件雕刻华丽的营造活动。随着砖瓦制作技术的提高、冶炼铸造技术的发达，出现了无梁殿和铜铸殿。城市建筑更加规范，府县城墙也普遍用砖包砌，山西各地的城乡聚落、衙署、书院、民居、寺庙、祠庙、园林等建筑普遍兴盛。

1636年，满洲贵族入主中原，建立清王朝，任用汉人为官，全面吸纳汉民族文化思想。康、雍、乾三朝，社会发展至顶峰，形成康乾盛世，出现了欧洲人追崇中国文化、思想和艺术的18世纪中国风的热潮。清乾隆末年，政治日渐腐败，社会发展开始衰落。清代沿袭了明代建筑的规制并有所发展，全面继承了汉民族的营造观念和建造技术。清雍正十二年（1734年）清朝政府颁布了《清工部工程做法》，官式建筑标准化、制度化进入了革新定型期。在聚落、衙署、宫观、民居、园林、陵寝、藏传佛教寺庙等方面成就卓著。随着晋商的崛起，山西境内迎来了又一轮城乡建设高潮，形成了以汾河流域、沁河流域、黄河岸边、内外边关为中心，称之为"三河一关"的、颇具山西传统建筑风格的传统村镇群。1840年以后，强势外来的建筑文化，严重冲击和破坏了中国本土的传统建筑文化，影响了进一步发展与传承。

理特征，形成独特的住宅形状。自然地理环境与人文地理环境因素对山西古建筑形态的形成与发展有着深远的影响，它是原始建筑的土壤，而建筑形式则是这些因素的外在表现。山西古建筑体现了人文景观、地域文化，阐释了环境与文化的协调，以及人类行为系统。

山西境内的古建筑，规模之巨大，质量之上乘，在全国实属罕见。研究山西古建筑的地域结构特征，是整理和挖掘传统文化的重要主题。山西古建筑不仅形态丰富，而且呈地域性分布。在晋北，以大同云冈石窟、五台山佛寺、恒山悬空寺、应县佛宫寺为代表形成了晋北建筑文化圈；在晋西，以方山北武当山、临县碛口古镇、蒲县东岳庙为代表形成了晋西建筑文化圈；在晋中，以太原晋祠、平遥古城、晋商聚落为代表形成了晋中建筑文化圈；在晋南，以洪洞广胜寺、绛州衙署、解州关帝庙为代表形成了晋南建筑文化圈；在晋东南，以长治城隍庙、泽州青莲寺、沁河古堡为代表形成了晋东南建筑文化圈。这些古代建筑，由于它们所处的自然条件和人文条件之迥异，其建筑形态的表现也是千姿百态的，蕴藏着非常丰富的历史信息和文化内涵。一般而言，人类的环境是多变的，但自然环境相对稳定，社会结构相对稳定。在一定历史时期具有区域稳定的重要特征。在某些领域，人们使用相同的方言，相同的生产劳动，共同的信仰和价值观，一致的建设技术意见，使山西古代建筑形式的特定领域中具有同质性，遗存至今。山西古建筑的产生是在特定的历史时期和特定区域的空间内完成的，所以在建筑的区域边界点是以历史地理、农业区划和语言系统等影响要素为基础所进行的划分。

第三节　地域分区

山西历史悠久，自然环境复杂，丰富多彩的人文地理环境。从历时的角度来看，众多的考古资料表明，山西古建筑从起源、发展和演变中建立了比较完整的发展脉络，体现了中国文明的发展与同一渊源。从共时的角度来看，由于山西地区的自然和人文环境的不同，在不同地区呈现出独特的地

一、地域分区

从历史和地理变化的角度看，地理区划是以古土壤条件和农业经济特点为基础的。山西古地理域至少在战国时期已形成，韩、赵、魏三家分晋时，已有明确的界线。秦汉实行郡县制，境内产生了河东郡、太原郡、上党郡、雁门郡、西河郡等，位于晋东南、晋中、晋南、晋北及晋西地区。这

些地区具有独特的自然、文化和地域特色。明清两代虽实行省、州（府）、县三级，基本上延续了秦汉地域划分的特点。特别是明代，平阳、太原、大同、潞安、汾州5府，使得山西省境内划分更为清楚。从山西农业区划的角度看，山西农业文明有着悠久的历史，大约在1万多年前，已经出现了原始农业。夏、商、周时期，晋南和晋东南黄河附近，农业经济以黄河、汾河周边为主要生产地区的农耕经济，山西省北部和西北部是以游牧经济为主。到南北朝时期，中国北方旱作农业耕作技术的基本形态在山西已经形成。在隋唐时期，山西大部分地区普及农业耕作技术，晋西也由畜牧业转型为农业。区域差异使山西形成了七个不同类型和特征的农业区，即晋南区、晋中区、晋东南区、晋东区、晋西区、晋北区和晋西北区。①从山西方言分布范围来看，则表现出与古代地理区划惊人的一致。据《山西方言调查研究报告》统计分析，山西方言的类型非常丰富。全省方言共分六片，分别是以太原为中心的中区方言；以离石为中心的西区方言；以长治为中心的东南区方言；以大同为中心的北区方言；以临汾为中心的南区方言；东北区方言则只有广灵一个县。②尽管随着岁月的流逝，山西古代地区概念逐渐泯灭了它的地理学意义，变得疆域模糊，景物易貌，但仍然是建筑地域分区的重要依据。本文以山西的历史、地理、农业区划和方言为线索，根据建筑的特征，分为六个区，即晋北、晋西、晋中、晋东、晋南、晋东南。

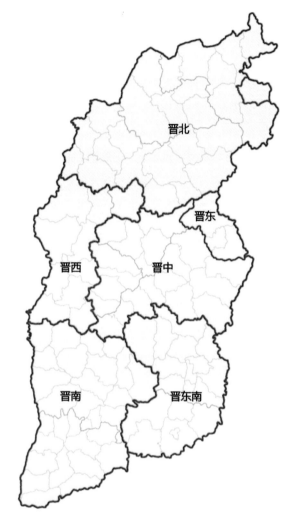

图1-3-1　山西传统建筑的地域分区示意图（来源：王金平 绘）

二、分区与今日政区

建筑地域分区与今日行政区划的对应关系如下（图1-3-1）：

晋北传统建筑，分布在明清两代大同府、朔平府、宁武府和太原府北部一部分地区，也即今日的大同市、忻州市和朔州市，所属县市有大同、左云、阳高、天镇、浑源、灵丘、广灵、朔州、怀仁、平鲁、右玉、应县、山阴、忻州、繁峙、定襄、原平、五台、代县、神池、宁武、五寨、岢岚、保德、偏关、河曲等。

晋西传统建筑，分布在晋陕大峡谷东岸，即古代汾州府的大部分地区，包括今日的吕梁市大部和临汾市、忻州市的一部分地区，所属县市有离石、中阳、柳林、临县、方山、岚县、兴县、石楼、交口、隰县、大宁、永和、蒲县、汾

① 黄东升. 山西经济与文化[M]. 太原：山西经济出版社，1984.
② 侯精一. 山西方言调查研究报告[M]. 太原：山西高校联合出版社，1993：703－731.

西、静乐等。

晋中传统建筑，分布在明代太原府的大部分地区和汾州府一部分地区，包括今日的太原市、晋中市和吕梁市少部分县市，所属县市有太原、阳曲、清徐、古交、娄烦、榆次、太谷、祁县、寿阳、榆社、灵石、昔阳、和顺、左权、汾阳、平遥、介休、孝义、文水、交城。

晋东传统建筑，分布在位于山西东部太行山中段，即清代平定州所辖区域，主要包括山西东部的阳泉盆地及其周边山区。包括今日的阳泉市，所属县市有阳泉的郊区、平定县、盂县等。

晋南传统建筑，集中在明、清两代的平阳府和蒲州府，也即今日的临汾市和运城市，所属县市有运城、芮城、永济、平陆、临猗、万荣、河津、夏县、闻喜、垣曲、稷山、新绛、绛县、临汾、侯马、乡宁、吉县、安泽、曲沃、襄汾、翼城、浮山、古县、洪洞、霍州等。

晋东南传统建筑，分布在明、清两代的潞安府、泽州府，即今日的长治市和晋城市，所属县市有长治、潞城、黎城、平顺、壶关、屯留、长子、沁源、沁县、武乡、襄垣、晋城、泽州、阳城、陵川、沁水、高平等。

上述区域"基本上反映了山西古建筑形态的多样性，符合山西古代文化的发展规律。如果从东西来看，对太行山西麓晋东南地区和河北的文化类型相似"；[1]"沿黄河岸边的山西西部包含有陕西省文化因素"。[2]"若从南北来看，则汾水中下游的晋南地区又有河南文化因素；而晋北地区的文化类型则与北方草原地区在题材、结构、风格上明显统一。[3]由于受到自然及人文条件的影响，建筑也随其所处的地域不同，呈现不同的建筑形态，与山西古代文化的发展轨迹相一致"。[4]

三、区域特征

晋北地区主要包括山西北部农耕地区与游牧地区的交界地带，约为今大同市、忻州市和朔州市范围。这一地区山峦起伏、沟壑纵横，在历史上具有很高的军事地位。大同自南北朝时期称为北方重镇，辽、金两代曾作为陪都，明清时期亦是军事要塞之地；忻州更是被称为"晋北锁钥"，明代的"外三关"——雁门关、宁武关、偏头关均在忻州境内。晋北世代为边关重地，地广人稀，因此建筑相对朴素实用，布局较为舒展。在平川地区，传统建筑多以院落为主，典型的院落形制有"阔院""纱帽翅""穿心院"等。在山地地区，则有"枕头窑""筒子窑"等窑洞形式的建筑，也有结合山坡地形形成的土木混合结构的吊脚房，形态十分丰富。

晋西地区主要包括晋陕大峡谷东岸的吕梁山区，约为今吕梁山范围，以及临汾市、忻州市的局部地区。这一地区东接晋中，西临黄河，是我国黄土高原的重要组成部分。晋西地区在古代曾因毗邻黄河，"河在其西"而被称为西河，汉代时曾在这里设有西河郡。到明代，晋西的大多数地区属于汾州府辖地，这一建制一直沿袭到晚清，形成了一个相对稳定的行政文化区域。晋西地区地处黄土高原，沟壑纵横，其传统建筑以依靠山崖建造的靠崖窑最为普遍。例如，吕梁山区在山崖中纵深挖掘洞穴、崖面仅留一门一窗的"一炷香"就是该地区一种典型的靠崖窑。除此之外，也用土坯、砖石建造锢窑，有的还在窑洞之上建造木结构的房屋。房屋与房屋常以院落形式组合在一起，形成居住单元。晋西多山，若房屋平行于等高线布置的，多形成敞院；若房屋垂直于等高线布置，则形成规模较大的台院。无论敞院或台院，都在内院中央设置"香台"，用于祭祀天地、供奉神灵。

① 王金平等. 山西民居[M]. 北京：中国建筑工业出版社，2009：37-39.
② 邹衡. 夏商周考古学论文集[M]. 北京：文物出版社，1980：272.
③ 李夏廷. 先秦游牧民族在中西文化交流中的作用[J]. 山西文物. 1986：2.
④ 王金平等. 山西民居[M]. 北京：中国建筑工业出版社，2009：39.

晋中的传统建筑，以晋商的商号宅院最为典型。这些宅院往往以多个狭长的窄院相互串联，形成商住结合的模式；建筑格局规整、形制精美，多层建筑亦十分常见。一般的住宅建筑也多以院落形式组织空间，房屋建造常常采用窑洞和木构瓦房结合的形式，下层为砖石砌筑的窑洞，上层为木结构的瓦房。在晋中一些山区中，还有大量的堡寨聚落，这些聚落常常由聚族而居形成，多个宅院连成一片，堡前设置大门。建筑群体依山就势，具有较强的防御性。

晋东地区环境特征与相邻的晋中、晋东南、晋北均不同，当地为多山地形，气候较为寒冷。其聚落类型兼有邻近区域的综合特征，以农耕为基础，并表现出军事型聚落与商业型聚落的特点。地方传统建筑对环境气候有着清晰的回应，以砖石为主要建造材料，聚落中以锢窑为主要建筑类型，并有部分木构瓦房、平房等。聚落层次分明，建筑因地制宜、质朴亲和。

晋南地区主要包括晋西南汾河流域的一系列盆地，约为今临汾市、运城市范围。这里自古就以"三圣故里"而闻名，尧都平阳、舜都蒲坂、禹都安邑都在晋南地区。春秋时期，这里是称霸一方的晋国所在地，也是山西省简称的来源。秦汉起，晋南历设河东郡、平阳府、河东道，是一个历史文化十分悠久的区域。晋南地区由于土地肥沃、地理条件优越，又有丰富的铜、铁、煤矿资源和盐池资源，社会生产力水平较高、商业发达，历史上产生了不少家境殷实的家族，建造了许多大院。这些大院大多规划严整、规模宏大，被称为"阔院"。普通人家在地窄人稠的情况下，则多建造狭长的窄院。这些院落大多由木结构房屋组合而成。此外，晋城南部的平陆地区存在着晋南特有的传统建筑——地坑院，人们挖地为院，在下沉空间中再横向挖掘窑洞，形成了独特的居住空间形制。

晋东南地区主要包括山西东南部被太行山所围绕的上党盆地及其周边地区。约为今晋城市、长治市范围。晋东南地区是明清时期潞安府与泽州府所在之地，不仅气候温和、利于农耕，而且资源丰富、商业发达，这一带的煤炭资源、冶铁工业和丝绸业都在全国颇为闻名。晋东南的传统建筑大

多以院落形式组织空间。在平川地区，砖木结构的楼房是最为常见的房屋形式，常见的院落形态有"四大八小""簸箕院""八卦院"等。在山区地带，由于烧制运输砖瓦不易，人们用石块砌墙、石板盖顶，形成了独特的石头房。在沁河流域，一些商贾官宦之家还建有堡寨，以防御盗匪流寇。

第四节　传承发展面临的问题

山西传统建筑历史久远、积淀丰富，然而在近现代化的历程中，特别是在当代建筑创作实践中，面临着诸多问题。

（一）建筑文化的历时性表达

山西建筑文化是"三晋文化"在建筑营造方面的具体呈现，追根溯源可以上溯至新石器时代甚至更早的史前文明，在历史时期则从早期的窑居发展至砖木房屋，保存有大量的宫、寺、祠、庙以及民居建筑。历史脉络清晰、遗存类型多样。然而，自近代以来，在外来文化的强烈冲击之下，山西建筑在文化范畴的表达愈加模糊，只能"言必称先贤"，对于当代文化的表达失掉了信心与主脉。

（二）突破文化符号的片面性

山西地区作为中华文明的发源地之一，亦是中原文化与边塞文化的融会之地。在数千年的演化历程中，逐渐形成了具有鲜明地域特色的文化类型，不同于其周边各省份。然而，在现代建筑创作实践过程中，建筑师易于从少量的局部文化符号切入，例如所谓的"大院文化"和"晋商文化"，忽视了广袤晋地的文化多样性。长此以往，丰富的建筑文化仅有部分得以传承表达，而且很可能误导社会大众，使得地域文化完整性难于延续。

（三）经济技术条件的支撑与掣肘

建筑文化和经济技术条件相互影响，处理得当相得益彰，反之则彼此掣肘。总体而言，山西地区虽然在清中后期

因晋商而蓬勃发展，但是现当代经济技术一直较全国其他地区相对滞后。一方面，经济技术缓步推进有利于传统建筑遗存的保留，为现代建筑实践提供了大量珍贵的样本实例；另一方面，则导致文化自信的缺失，在创作过程中受到束缚，难于跳出简单折中和复制的困境。

综上所述，课题组希冀通过本次调查、研究和解析，梳理山西传统建筑的发展脉络，理清山西近现代建筑的演进历程，同时对当代的建筑实践进行整体性阐释，为探索具有山西地域特征的建筑之路提供帮助。

上篇：山西传统建筑解析

第二章　晋北传统建筑

晋北地处山西省北部，该地位于农牧交界处，兵家必争，战乱频仍。在发展演化中逐渐形成以险关要塞为特征的人居环境。当地居民既有草原民族的豁达、豪放的性格，又具有汉民族朴实、善良的优秀品质。地区内部保留下来大量宏伟的历史建筑，年代久远，风格质朴。

第一节 山川险峻胡汉交融

一、地理环境

晋北位于黄土高原的东北边缘，东与河北相邻；南与晋中、晋西接壤；西濒黄河，与陕西相望；北界长城，与内蒙古为临。晋北地区地貌类型复杂多样，山地、丘陵、盆地、平川兼备。历史上植被较丰，但近世以来破坏严重，自然环境较差。主要河流有黄河、汾河、滹沱河、桑干河等河流。桑干河自西南向东北横贯全境，形成了周围高、中间低、两山夹一川的槽型盆地。境内主要山脉北有恒山，山势峻拔，古称北岳；西有吕梁山，山势雄伟，山脉连绵；东有太行山、五台山；南有系舟山，是太行山的余支。在五台山、系舟山、云中山之间为忻定盆地，地势平坦，土壤肥沃，灌溉方便，是主要农作区。因晋北地区处高纬度地带，高海拔地区，因而其气候比较寒冷干燥，其建筑形式也非常注意向阳保暖（图2-1-1~图2-1-4）。

二、历史文化

历史上，山西雁门关以北的广袤地区称之为塞外，这里有占据长城以北地区并逐步南下的匈奴等部落。这些北方部族自殷代后一直威胁着中原地区，因此晋北曾多次经历游牧区和农耕区的更替变迁，农耕文明与游牧文化在这里交流、碰撞、融合，形成了深厚的文化积淀，也培育了不少在中华民族历史上颇有影响的人物。

晋北地区历来战事频仍，这里的广大乡民物力维艰，生活酸苦，但历经世代生息，其城乡聚落呈现出某种独特的地域性特征。晋北核心城镇以大同为中心，聚集了朔州、忻州等一批北方重镇。春秋以前，晋北的朔州地区还为少数民族北狄所居，到秦时归属中华，置雁门郡，西汉时置马邑县。在战国初年，如今的大同地区已成为赵国的重要军事要塞，秦汉时期称云中郡，南北朝时期由平城县治上升到北魏京都，其后近百年今大同曾是我国北方的政治、经济、军事、文化的中心，也是各民族聚居并进行经济文化交流的地域（图2-1-5~图2-1-8）。

图2-1-1 晋北盆地（来源：网络）

图2-1-2 晋北山川（来源：薛林平 摄）

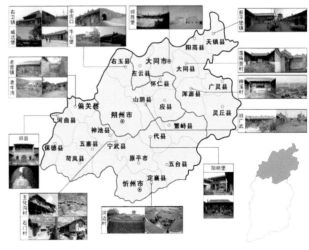

图2-1-3 晋北传统建筑地域示意图（来源：《山西民居》）

图2-1-4　晋北风光（来源：《山西风景名胜》）

图2-1-5　大同市云冈石窟（来源：《山西风景名胜》）

图2-1-6　浑源县悬空寺（来源：《山西风景名胜》）

图2-1-7　山阴县广武明长城（来源：网络）

图2-2-1　代县边靖楼（来源：薛林平 摄）

图2-1-8　应县木塔（来源：网络）

第二节　晋北锁钥兵家必争

　　晋北境内山峦起伏，沟壑纵横，依托险要地形形成了许多天然关塞，自古以来就是兵家必争之地。历代政权都以山西北部为防卫少数民族的北方屏障，故有"晋北锁钥"之称。在封建社会时期，很多朝代的战事都围绕晋北展开。特别是到了明代，由于居于漠北的少数民族经常南下侵扰，北方安全受到严重威胁，因此从明朝建立伊始，政府在古长城的基础上修建长城，并建立各种军事据点，形成了晋北地区独特的军事聚落。随着清代后民族矛盾的消解，这些军事聚落逐渐演化为城镇聚落和乡村聚落。城镇聚落从其发展情况

来看，又可以分为中心城镇、防御型聚落和交通型聚落；乡村聚落从建造目的以及所处环境来看，可以分为农业型聚落与宗教聚落。

一、中心城市

　　晋北地区的中心城市往往是区域范围内的中心聚落，其选址多在地势平坦之处，具有较开阔的外部环境。中心城镇具有完整的防御设施，外有城墙、城门，内有校场、衙署、寺庙、集市，与周边防御聚落共同形成良好的防御体系。从组织结构和社会经济的角度来讲，此类聚落是区域防御与管理的重要节点。在该类城镇聚落中，数量最多的要数规划型聚落，其空间形态反映了内在的社会结构，典型的中心城市如大同、忻州、代县等（图2-2-1、图2-2-2）。

　　大同古称云中、平城，自秦汉建立城邑，曾是北魏首都，辽、金的陪都。城市布局和规模也因政治需要或军事防御有所变化，但其位置始终未发生大的变动。[①] 作为九边重镇之一，大同在明代是重要的防御性城堡，是大同防务长官的驻地。当时的城为正方形，周长12.6里，城内东西、南北

① 张志忠. 大同古城的历史变迁[J]. 晋阳学刊，2008（2）：28-35.

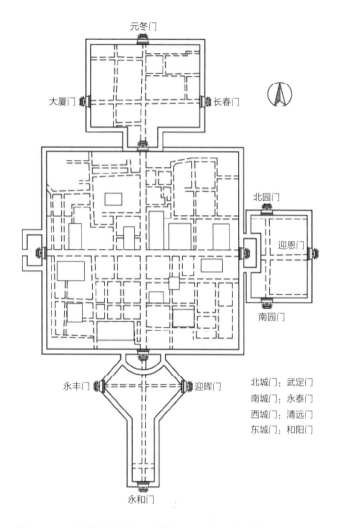

图2-2-2　大同镇城图（来源：《浅析明朝至近代晋北聚落的主流形态》）

图2-2-3　忻州古城南北大街老照片（来源：网络）

布置十字形街道，作为城区主体骨架。主要大街正对四座城门，其余的次要街巷与十字大街相连。明初封代王于大同，代王府在城中偏东。此外城内还分布有总镇署、中营、左营、右营等。在北门处有大校场，内设演武厅一座，西南隅设小校场。至清代，大同成为边关进行茶、马交易的中心城镇，在南门、北门、东门的关厢地带修筑了城墙。如今的大同市内仍留存有丰富的古建筑遗存，包括辽代至明清不同历史时期的寺、观、祠、庙。

忻州古城明清时称秀容古城，城的营造及总体格局受营国制度、自然地理条件以及功能需求的制约和影响。忻州古城按照《春秋典》的营国制度四级城邑体系中四级城市的形制

建设。据记载，明忻州古城周长九里十八步（5公里），合12周里，即方3里，石砌7尺，砖包厚7重，高3丈，女墙5尺，共高4丈2尺，顶阔3丈，隍三重，深2丈，东西南北四门。这些与《春秋典》营国制度中的第四级子男的城市建制相吻合。忻州古城的营造也体现了《管子》中的"因地制宜、天地之道"的思想。《管子》中有记载"凡立国都，非于大山之下，必于广川之上；高毋近旱而水用足；下毋近水而沟防省；因天材，就地利，故城郭不必中规矩，道路不必中准绳"。忻州古城西枕龙岗，东临牧马，依山就势，与自然地貌浑然天成。总体来看，忻州古城的营造突出"形胜"的指导思想。古城以南北大街为轴线，但并没有采用对称的布局方式。轴线以东布置政治活动区和宗教活动区，轴线以西布置文教区和宗教活动区，轴线所在的南北大街两侧则布置商业。街巷布置除考虑军事防御之需布置大量丁字街以外，还根据地形地貌规划形成很多自然曲线路（图2-2-3）。

二、防御型聚落

明朝为了抵御蒙古族的进攻，明政府联合北方重要关隘修筑防线，最终形成了外边与内边。所谓内边，是指西起山西偏关县，经神池、宁武、代县、朔县、河北蔚县等地，抵河北延庆县的内线长城，蜿蜒1000多公里。在这条防线上，分布有众多镇、卫所、堡寨、墩台等军事据点，形成晋北地

区独特的建筑形态——防御型聚落。

　　除了内边，明政府还在山西境内设偏头、宁武、雁门三关，称为外三关。外三关之中，偏头为极边，雁门为冲要，而宁武则介于二关之中，控扼内边之首，形势尤为重要。如今，山西北部保存较好的防御型聚落有偏关、左云、右卫、旧广武、宁武等。

　　旧广武古城自辽代建成后其内部格局基本稳定，古城外围以城墙为外部防御工事，城内结合作战、指挥、生活、生产的要求布局功能，形成戏楼居中，三门相对的街道为轴，东、西、南三口的城池格局。古城未设置北门，应是考虑到北部为城防最弱区域，设置城门易被突破，故不设置北门。建筑和街巷的布局反映了城池的基本格局。总体上由于旧广武古城的主要功能为屯兵驻防，居住生活类建筑较少，且在主要街道两侧布置。其他空间则被用于屯田及养马，构成了村庄初始的基本格局，后来形成的街巷顺应原有基础，形成沿主街巷扩展蔓延的空间肌理。现存城墙为辽代遗存，城墙上保存有少部分垛口、望洞、射洞、半圆形投石口等防御设施，城墙垛口高达2米，射洞每隔2米一个，整体环绕城墙外侧，实际城墙高度达到10米以上。城墙外侧同时设置有12座马面及4个角楼马面，平面呈方形，局部突出于城墙，其余则与墙体紧密结合，整体造型雄伟稳健，极具气势。马面顶部城台宽敞，可起到稳固城墙结构，增加侧向防御能力的作用。城门位于各边城墙的中部，整体造型高大而厚重，在突出于城墙外的马面上设置拱形入口，入口上有精美的砖雕和匾额。城门内还各有两扇厚重的木门，木料材质坚固，门高6~7米，门板厚度在15厘米以上，门上有门钉、铁条加固（图2-2-4~图2-2-6）。

　　除了大型聚落之外，晋北地区险要关隘还包括平型关、金锁关、老营堡、威鲁堡、黄泽关、北楼口、利民堡、得胜堡、镇宏堡、平远堡、新平堡、保平堡、桦门堡、瓦窑口堡、镇宁堡、镇口堡、守口堡、镇边堡、镇川堡、宏赐堡、镇羌堡、拒墙堡、拒门堡、助马堡、破鲁堡、保安堡、宁鲁堡、破虎堡、残虎堡、马堡、云石堡、少家堡、大河堡、败虎堡、迎恩堡、阻虎堡、将军会堡、红门口、老牛湾堡、阳

图2-2-4　山阴县旧广武古城鸟瞰图（来源：网络）

图2-2-5　山阴县旧广武古城城墙（来源：薛林平 摄）

图2-2-6　宁武关城门（来源：网络）

图2-2-7　偏关县老牛湾村（来源：《山西民居》）

图2-2-8　右玉县杀虎堡堡门（来源：网络）

方口、白草关、北楼口、狼牙口、固关、鹤度岭、马岭关、支锅岭口、峻极关等，这些关堡兼有防御与生活多重功能，部分城内还有少许农田耕地（图2-2-7）。

三、交通型聚落

尽管在自给自足的农耕社会中，聚落的交通条件并非最主要的因素，但随着商品经济的发展，乡民逐步打破了"居不近市"的传统观念，于是在山西的古驿道或交通枢纽处，出现了各种类型的交通型聚落。古代中原汉民族生产和生活使用的马匹主要来自北方蒙古地区，而北方游牧民族的日用品则主要依赖于内地。由于晋北处于这两个不同经济区域之间，所以汉蒙两侧的物资交换历来在晋北十分活跃。此外，晋北还是"走西口"[①]的必经之地，而位于右玉境内长城边上的"杀虎堡"为西口之一（图2-2-8）。

杀虎堡是典型的带有防御功能的交通聚落。明代时，杀虎堡称之为"杀胡堡"，是山西通往内蒙古的要津，嘉靖二十三年（1544年）筑堡，万历四十三年（1615年），在其南另筑一堡，称"平集堡"，后将二堡连成一体，两堡唇齿相依，成掎角之势。堡内驻扎有巡检、都司、副将、守备、把总等官衙，并设有校场、仓库。堡内建有许多寺庙建筑，如关帝庙、城隍庙、鲁班庙、火神庙等，是官兵精神寄托之所。杀虎堡只有南门，带瓮城，北墙正中下面建玄武庙。中间夹城有东、西两门。杀虎堡西北一里多即为长城关口，称"杀虎口"。关外沿车马大道形成集市，是清代由右玉通往口外的重要商道。

四、农业型聚落

农业型的乡村聚落大都是由家族聚居、人口繁衍而逐渐扩大的，这种稳固的血缘关系，是聚落形成的基础。晋北境内的农业型聚落，有大有小，大到上千或者几千户人家，小的只有几户人家。聚落规模的大小，是由多方面的因素决定的：一般而言，交通便利，距离城镇较近，土地肥沃，耕地较多的乡村往往聚居人口较多，因而聚落的规模较大；而那些地处偏远山区，自然条件差、交通不便、土地贫瘠的乡村，一般规模都比较小。但即使较小的农耕聚落，也不乏精美的建筑，如大同落阵营村。落阵营村中的吕家大院距今已有150多年的历史，共有院落九处，房屋150多间，建筑面积40亩。院落群的式样

---

① 明清时期，因地狭人稠，加上天灾频临，不少下层民众动辄流移。而以地理环境来看，晋北地区为中国传统上重要的农牧分界线，口外蒙地地广人稀，当地人出于各种需要，主动招募内地人民垦种，而清朝政府则出于移民戍边等诸多方面的考虑，也逐渐放宽政策，鼓励放垦蒙地、发展农业。于是，晋地民众遂呼朋引类，前往归化城土默特、察哈尔和鄂尔多斯等地谋生。上述诸种因素的合力，遂导致了清初至民国时期盛行的"走西口"浪潮。

图2-2-9 大同县落阵营村传统建筑（来源：薛林平 摄）

图2-2-10 大同县落阵营村传统建筑（来源：薛林平 摄）

是并联的四合院组合，院落之间相互串通，结构严谨，反映了血缘村落的典型结构（图2-2-9、图2-2-10）。

五、宗教聚落

山西许多宗教建筑通过聚集于名山大川形成宗教聚落，其中比较著名的有五台山、北岳恒山、北武当山等。宗教聚落通常在建筑选址、空间构成、平面布局、竖向布置等方面具有独特的艺术特色。

晋北作为佛教文化兴盛之地，佛寺建筑星罗棋布，其中五台山是佛寺建筑集中的佛教聚落。五台山最初的寺庙始建于汉明帝时期，寺院建成后，寺以山名，称为灵鹫寺。大孚灵鹫寺就是现今显通寺的前身。北魏时孝文帝对灵鹫寺进行规模较大的扩建，并在周围兴建了善经院、真容院等12个寺院。北齐时，五台山寺庙猛增到200余座。唐代五台山因"文殊信仰"而繁盛，寺院多达360多处。到了清代五台山随着喇嘛教传入而再度振兴，出现了各具特色的青、黄寺庙（图2-2-11）。

图2-2-11 五台县五台山佛教聚落鸟瞰图（来源：薛林平 摄）

现有60座佛寺聚集在台内①台怀镇。这里寺庙层叠，布局严谨，雄伟壮观，建筑与景观荟萃一处，其中显通寺、塔院寺、殊像寺、罗睺寺和菩萨顶被称为五台山五大禅处。菩萨顶坐落在灵鹫峰之上，寺庙金碧辉煌，是黄庙首领庙，素有喇嘛宫之称，在五台山有很高的地位。台外的寺庙比较分散，但有许多留存久远的建筑，其中以唐代遗构南禅寺、佛光寺最为著名。

图2-3-1　五台县南禅寺大殿（来源：薛林平 摄）

第三节　壮丽雄浑一脉相承

晋北虽然战事频繁，破坏严重，然而论起流世传统建筑规模之大，时间之久远，当以晋北为冠。该地区留有自唐以来各个时期的古建筑，其中包括现存最早的唐代建筑南禅寺，现存最高最古老的木构塔式建筑佛宫寺释迦塔等，这些公共建筑呈现出一脉相承的历史演进轨迹。

一、公共建筑

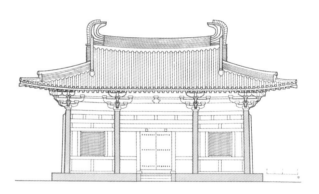

图2-3-2　五台县南禅寺立面图（来源：《柴泽俊古建筑文集》）

中国现存仅有的唐代木构建筑都在山西。唐代建筑主要特点是造型浑厚、风格粗犷。建筑部件用材硕大，梁架举折和缓，梁栿间结构件的制作追求朴实，平梁之上施以大叉手直接捧戗脊槫，不设蜀柱。这些特点在唐代遗构如南禅寺、佛光寺中清晰可见。

南禅寺重建于唐德中建中三年（公元782年），距今1216年。正北面大殿是我国现存最早的木构建筑，殿身面宽、进深各三间，面宽11.75米，进深10米，平面略近正方形。建筑为单檐歇山式屋顶，殿身前檐明间设板门两扇，两次间安破子棂窗。殿身四周施檐柱12根，西山施抹楞方柱3根，其余皆为圆柱。方柱古老，盖为创建时原物，圆柱为重建时新换。南禅寺为研究我国唐代建筑的形制、结构、手法

等提供了极为重要的实物例证（图2-3-1、图2-3-2）。

佛光寺东大殿重建于唐宣宗大中十一年（公元857年），由长安女弟子宁公遇布施、愿诚和尚主持修建。殿面宽七间，进深四间，单檐四阿顶，总面积为946.48平方米。东大殿是该寺的主殿，位于最上一层院落，在所有建筑中位置最高。大殿正中五间各开门，装板门，两尽间装直棂窗。外表朴素，柱、额、斗栱、门窗、墙壁，全用土朱涂刷，未施彩绘。檐柱柱头微向内倾，角柱增高，因而侧脚及生起都很显著。房顶举折平缓，房瓦长46厘米，宽35厘米，厚0.26厘米。屋脊两端，安有两个高大的琉璃鸱尾。整个大殿雄伟整饬，坚实稳固，经7次5级以上地震而无损（图2-3-3）。②

辽代殿堂建筑桁架的建造继承并发展了唐和五代时期的

---

① 五台山五座台顶合围的地区，称为台内，其外围则称台外。
② 晋原平，杨春娥. 五台朝顶. 太原：山西古籍出版社，2004.

图2-3-3 五台县佛光寺东大殿（来源：薛林平 摄）

营造技术，梁枋之间，施以完整的"十字"卷头斗栱隔垫。与唐、五代梁架相较，辽代梁架结构最大的特点是托脚上端向上移动斜戗于平槫外侧，直接分解槫部荷载。体现了辽代木结构建筑不尚华丽、注重实效而朴实大方的特点。辽代平梁之上结构与唐、五代及宋代亦差别明显。辽代所用蜀柱较小，且多圆形，而脊部攀间斗栱较唐、五代及宋代多施攀间枋，且多隐刻栱。于令栱十字相交设丁华抹颏栱，与宋《营造法式》相同但叉手捚戗于攀间枋两侧。辽代建筑若设平棊，其草栿做法近唐代风格，如大同善化寺大雄宝殿和下华严寺海会殿（图2-3-4、图2-3-5）。

善化寺俗称南寺，位于山西大同城内西南隅，是山西辽代木结构建筑之代表。辽代遗构大雄宝殿坐落在后部高台之上。大雄宝殿是善化寺的主殿，也是寺内最大的殿堂。殿前有宽阔的月台，殿顶梁架构造雄伟，殿内斗栱形制多样，是一处具有民族传统的木构建筑。大殿立面阔七间，长40.7

米，进深五间，长25.5米。建筑屋顶采用单檐五脊顶，殿顶当心间有八角形藻井，内围列有两层斗栱，下层为七铺作，上层为八铺作，由下而上层层叠收。殿内亦采用减柱法配列支柱，空间开阔，其形制、手法均与大殿本身梁架结构和斗栱形制相同。

值得一提的是建于辽清宁二年（1056年）的佛宫寺释迦塔，该塔是现存最早最高的木塔。平面为八角形，建于高台之上。塔身共分五层六檐，建筑继承了唐代建筑风格，粗犷大气，是一座当之无愧的国宝级建筑（图2-3-6、图2-3-7）。

宋代遗存的古建平梁之上与五代时期的结构手法类似，但平面减柱，蜀柱仍由驼峰承托，叉手捚戗脊部攀间的捚节令栱或替木两侧，出现复合式叉手的结构形制，可视为叉手发展的第二阶段。托脚上端结构点与唐、五代一致，形成梯形构架。铺作施以真昂造，个别施以直昂造。四坡屋顶结构建筑的纵架所施丁栿为斜直式做法，例如忻州金洞寺转角殿（图2-3-8）。

　　金洞寺建于忻州城西20公里的龙门山脚下，该寺修建于北宋元祐八年（1093年）之前。原来包含上、中、下三个寺院，现只存一院。金洞寺文殊大殿西南侧的转角殿是北宋元祐八年遗构。建筑为单檐歇山顶。建筑的台基、墙柱非常低矮，瓦顶举折平缓，斗栱肥大古朴，呈现出宋中期屋顶由平缓向高耸转变的过渡时期建筑构造特点。转角殿平面呈方形，进深、面阔均为9.5米。殿内梁架全部为明露造，构件砍削非常规整，体现了宋代建筑结构风格。殿内依两个金代所造神龛，为后金柱所支持，是按实物比例制作的二层楼式的建筑模型，非常罕见（图2-3-9）。

　　晋北现存的金代木构建筑不但规模大，其梁架结构亦形

图2-3-6　应县木塔剖面（来源：《柴泽俊古建筑文集》）

图2-3-4　大同市善化寺大雄宝殿（来源：网络）

图2-3-5　大同市下华严寺大雄宝殿（来源：薛林平 摄）

图2-3-7　应县木塔立面（来源：薛林平 摄）

图2-3-8 忻州市金洞寺转角殿透视（来源：网络）

图2-3-9 忻州市金洞寺转角殿斗栱（来源：网络）

图2-3-10 朔州市崇福寺弥陀殿（来源：网络）

成本地区的风格。建筑结构，除斗栱延续了辽代真昂、斜栱造外，梁架及柱网布列发生了很大变化。减柱，移柱，移动内额及梯形托架的作法被广泛运用。梁栿之间承垫构件下几乎不用出跳栱，如佛光寺文殊殿、繁峙岩山寺文殊殿、崇福寺弥陀殿（图2-3-10）。

总的来说，晋北建筑从唐代以来一脉相承，未有间断。建筑风格地域特色鲜明突出，风格由古朴厚重向精致华丽转变，举折由平缓改向高耸，斗栱变小，补间铺作增多，小木作愈发精美，形成了自己独特的建筑景观。

由于晋北多险峻的高山，因此境内也存在许多迥异于官式建筑的异形建筑，此类建筑中构思最为绝妙的当属悬空寺。这座古寺建在恒山半山上，远望悬空寺就像一件玲珑剔透的浮雕镶嵌在悬崖峭壁之上。整座寺庙由立木和横木作为支撑，匠人在悬崖上凿洞，插入木梁，悬空寺的一部分建筑就架在木梁之上，这些以横木为梁者叫做"铁扁担"，是用当地特产的铁杉木加工为方形木梁，深深插进岩石里去的，木梁用桐油浸过，具有防腐作用。另一部分则利用突出的岩石作为其基础，这样整个悬空寺的重心通过立木和横木撑在坚硬的岩石里，岩石凿成了形似直角梯形的样子，然后插入飞梁，使其与直角梯形锐角部分充分接近。镶嵌在万仞峭壁间的悬空寺虽经多次地震，整体结构仍安然无恙，可谓是建筑史上的奇迹（图2-3-11）。

此外晋北还有大量古塔，形式种类繁多。如五台山竹林寺出土的八角十三层密檐式银塔，该塔造于明代，是我国现存最古老最高的银塔。其余特殊古塔还有五台山显通寺藏珍楼中保存的三座球形水晶塔，为国内现存最古老的水晶塔；五台山中台舍利塔，是塔中塔，外塔为砖塔覆钵式，内为铁塔，是我国现存最古的铁塔；还有五台山佛光寺的无垢净光塔，建于唐天宝四年（公元745年），是我国现存的一座最古的覆钵式墓塔，是现存的唐代古塔中的孤例；朔州崇福寺的四角九层石塔，造于北魏天安元年（公元466年），是我国现存最古的楼阁式千佛石塔；还有大量与应县木塔同时期的辽金佛塔，大多采用仿木结构阁楼式的砖塔，例如位于大同东郊塔儿山上的辽代禅房寺砖塔等。

祥，衣纹生动，神采动人。石窟中还有乐舞和百戏杂技雕刻等世俗内容，也是当时北魏社会生活的反映，石窟丰富的形态与宏大的规模体现了人类对于环境的适应与改造。

二、居住建筑

由于气候多变、环境恶劣，晋北地区人民生活清苦，居住建筑因为生存环境严酷，多朴素而封闭，形式以厚重实用，高墙阔院为主。很多普通民居完全用黄土建造，墙面用灰泥墁得整洁光平，一撮一撮的房屋毗邻排列，非常整齐，形成朴素的建筑风格。

总体来看，晋北地区民居的类型，主要有窑洞、木构架平房、阁楼、瓦房、楼房、石板房等。寒冷的气候特征，使得当地的建筑群十分注重纳阳、保温，民居建筑总体布局一般比较规整，多采用宽大的院落式布局。院落大多为一进到三进或多进，也有带偏院的，形成多重院落。平川地区民居，以合院式建筑为主；山区民居，一般依山势而建，但大多位于山的南侧，形成台阶式院落。采用砖石窑洞的民居，有的形成院落，有的单独设置，形态较为丰富。

（一）阔院式民居

历史上，晋北地广人稀，较之于山西他处，民居的建筑密度一般较小。晋北地处高寒地带，为使住宅能充分接纳阳光，院落大都很阔大，也很方正。与晋中、晋南的"窄四合院"刚好相反，住宅建筑多为五间见方，外院建筑也常常布置为五开间。当然，也有一些普通四合院采用三三制布局，即正房，厢房、门房各三间。此外，也有"两进两出""三进三出"的深宅大院。阔院式民居层高较低，常常采用满面开窗的方式，有利于广纳阳光（图2-3-12、图2-3-13）。

（二）"纱帽翅"院落

晋北的四合院通常正房五间，东西厢房各三间，南房三间，正房左右两间的尽间称耳房。有的耳房进深小于正房，称为"纱帽翅"房。在"纱帽翅"前形成小天井，非常幽静

图2-3-11　浑源县悬空寺（来源：网络）

除了大量的古塔，晋北还留存有规模宏大的石窟，云冈石窟就是其中最著名的一处。石窟位于山西省大同市西郊，开凿于北魏和平年间（公元460～465年），距今已有1500多年的历史。该石窟规模宏大，前后用了约30年的时间才雕刻基本完成，是我国古代雕刻艺术的瑰宝。整个石窟依山开凿，东西绵延1公里，现存主要洞窟53个，大小造像51000多个，雕像大至十几米，小至几公分。石窟中最大的佛像是第五窟三世佛的中央坐像，高达17米。佛像形态端庄，是中原文化传统的表现手法。但仔细观察其脸部形象（额宽、鼻高、眼大而唇薄），却能发现具有外域佛教文化的某些特征，据此云冈石窟可以被视为多元文化相融合的产物。石窟雕刻的题材内容，基本上是佛像和佛教故事。佛像面目慈

图2-3-12 大同县落阵营村吕家大院（来源：网络）

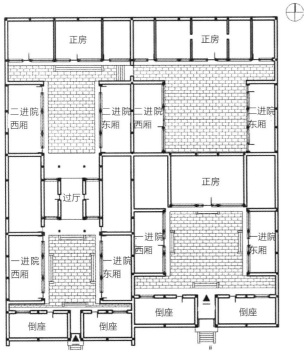

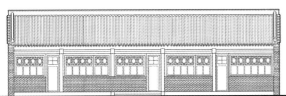

图2-3-13 大同县落阵营村一、二号院正房平面和立面图
（来源：《山西古村镇历史建筑测绘图集》）

闲适。大同的"纱帽翅"以二间较多，有的掏空成"明三暗二"。南房多为门房或为杂物堆放处，有的还加抱厦，西南角盖碾坊、厕所。院落中的天井常砌花墙，为放石榴树、夹竹桃等盆花而设。楼房的建筑屋顶多为两坡出水，屋顶平缓，一般为硬山顶，有时也为卷棚顶。一般而言，晋北普通人家的房屋多以平顶为主，多为一出水。部分地区建窑房、瓦房。瓦房多为两出水，人字梁起架，前面砖砌柱，屋顶上筒、板瓦铺盖，五脊六兽（图2-3-14～图2-3-17）。

（三）"穿心院"

穿心院的院门大都设在沿街处，从大门进去，穿过里边的多处院子，或者是多串院落，一直走向内宅。院落互相串通的最后，也可能是在几串院落的半腰，有一处旁门通向另外的一条街道，不必退回原门进出。穿心院中，最有特色的是各个院落连接处的大门。晋北民居穿心院最讲究的大门是广亮大门，其次是抱厦大门和垂花门。即便是普通的青砖门楼，也是做工精细，多用砖雕花饰檐头，砖雕垂柱、斗栱。一般门楼瓦顶都设正脊、垂脊、排山沟滴，用料考究，装饰富丽，做工精细，造型优美。大门后设置影壁，下面立一石幢，上刻"泰山石敢当"。二门在影壁侧面，多为垂花门和广亮门，形制小，与大门遥相呼应，构成"二门围廊子"的空间。穿门道进二门，即为庭院（图2-3-18、图2-3-19）。

（四）"枕头窑"与"筒子窑"

山区的普通民居多为窑洞组成的三合院，即正房为窑，有土窑，有石窑。东西为房，中央为院，南为大门。靠近河曲、偏关、保德一带，主要以石窑为主，石窑由砂石或青石砌筑而成。过去多为"枕头窑"，现皆为"筒子窑"，枕头窑面阔三间，一门两窗，取一佛二菩萨之意，进深一间。筒子窑开间为3米，进深6米，双开门，偏窑子。城镇窑洞进深多为7.5米，中有夹墙，分前后两室，前室为客室，后室或橱室或卧室（图2-3-20、图2-3-21）。

图2-3-14　大同市得胜堡村许家大院正房（来源：韩卫成 摄）

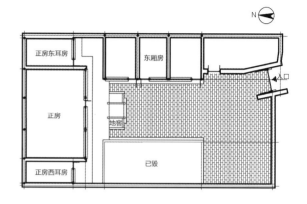

图2-3-17　大同市得胜堡村许家院平面图（来源：韩卫成 绘制）

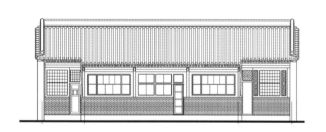

图2-3-15　大同市得胜堡村许家大院正房立面图（来源：韩卫成 绘制）

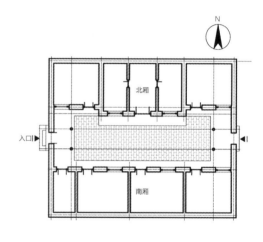

图2-3-18　定襄县阎锡山故居穿心院平面（来源：韩卫成 绘制）

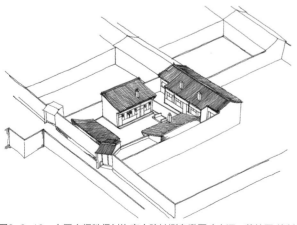

图2-3-16　大同市得胜堡村许家大院轴测鸟瞰图（来源：薛林平 绘制）

图2-3-19　定襄县阎锡山故居穿心院（来源：薛林平 摄）

图2-3-20　晋北土窑（来源：王金平 摄）

图2-3-22　"四大八小"民居院落（来源：王金平 摄）

图2-3-21　晋北石窑（来源：王金平 摄）

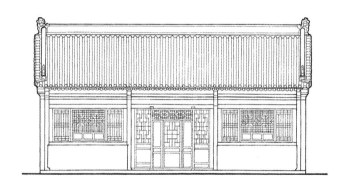

图2-3-23　怀仁县庞家大院一号院正房立面（来源：王金平 绘制）

（五）晋北"四大八小"式民居

　　山西地区除晋东南之外，晋北也存在"四大八小"式民居。保德县内比较讲究的清末建筑即有"四大八小"的格局，多为官宦士绅所建，存者不多，仅马家滩、下流碛、东关有几处。民居北面为正房，正房三间至五间建于高台基上，个别有抱厦；东西配平房，各为三间对称；南房一般为三间，明间较大为过厅，次间较小，放什物用，亦配有东西耳房；中央为院。这种院落多为两重门，称大门、二门。门外有石鼓、石阶，大门里有照壁（图2-3-22～图2-3-24）。

图2-3-24　怀仁县庞家大院总平面（来源：王金平 绘制）

（六）"田"字形院

在晋北的大户人家，民居多布置为"田"字形院落。所谓"田"字形院，实是一宅四院。东西两院间留夹墙，或为"阴阳房"，即南北走向的起脊房从中间起墙，一分为二。东半片为东院的西厢房，西半片为西院的东厢房。这种由多处院落组合而成的民居宅院，较好地满足了豪门大户的居住要求。

（七）商居店铺

晋北聚落中的传统店铺其经营项目一般比较单一，即一处店铺专营一项买卖，如经营米面的店铺称为米行。民居则是人们生活起居的场所，用途各异。然而在传统的城镇聚落里，大多民居与店铺融为一体。为了营造一个较为安静、舒适的空间环境，人们将自己居住的部分安置在离开市街一定的位置，而将自己经营的店铺置于居住和市集街道两者之间，这就是"前店后居"，晋北的城镇聚落店铺民居多采用这种构建形态。在空间安排上，还有一种做法就是"下店上居"，将店铺置于楼下，居住部分置于店铺之上，形成楼阁式建筑。院落的朝向是随着市集街巷走向而定，居住空间在院落中轴线的正房不一定同大多民居建筑那样朝南。除了商居店铺外，客栈、车马店作为传统市集中固定的赶集歇脚、货物集散的服务性场所，在民居聚落中也是比较常见的，还有传统手工业者从事劳动生产和存储货物的作坊和仓库。在传统的商业聚落里，客栈、车马店、作坊、仓库和店铺一样都与民居融为一体，成为构成商业聚落的组成要素。

（八）吊脚房

在晋北的山区，如宁武等地，为避虫害与盗匪，乡民将民宅建在地势险要之处，形成景观奇绝的悬空房或悬空村。这种民宅或其他生活、生产用房，常采用土木混合的结构形式，底层悬于半山腰中，一般不住人，而是作为畜圈或库房，二层以上才为宅室。由于其天平地不平，人们形象称之为"吊脚房"或"悬空房"（图2-3-25、图2-3-26）。

图2-3-25　宁武县王化沟村民居群落（来源：薛林平 摄）

图2-3-26　宁武县吊脚房民居（来源：韩卫成 摄）

第四节　质朴简约寓意深刻

晋北传统建筑装饰与细部较山西其他地方要大众化。花纹的繁复程度并不刻意追求，点到为止，反而有一种简洁之美。这些装饰与细部，均密切结合建筑的材料、构造和结构特点来安排，因此，造就了晋北民居丰富的地域特色。

一、传统建筑材料及构造

自古以来，晋北劳动人民就在各自的地域中就地取材，因材施用。在晋北大部分地区中，土、木、石这几种天然材料的取材十分方便，而且该地区煤炭资源丰富又不缺黄土，有原料又有燃料，能够大量地烧制砖瓦。因此，土、木、石、砖、瓦，为晋北民居的主要建筑材料。各地运用这些经济环保、便于施工的建筑材料，创造出了各具特色的民居建筑。木材具有良好的性能，多用来制作大木架；石材耐久性和抗压性好，多用于石窑和各种建筑部件及构筑物；土则多用于窑洞，也用在院墙，砖墙外皮；砖瓦大量用于修建民居的墙体和屋顶。

二、装饰特征

晋北民居的装饰内容和山西其他地区大同小异，多是祥禽瑞兽，人物神仙，花卉果木，文字纹样。装饰的内容虽然相同，但在表现形式上却更随意，图案厚实稳重，雕刻线条粗犷而不拘泥于细节，甚至略显笨拙，而正是这份"拙"，恰恰体现了晋北人民豪爽与淳朴的性格特质。晋北传统建筑装饰的质朴和简约，具体表现在以下三个方面。

（一）多样的材质

木雕、石雕、砖雕"三雕"被广泛应用于传统建筑装饰中：其中木雕多用于门头、门窗、额枋、铺作等处，更多作为原有建筑构件的一种延伸，体现了形式与功能的高度统一；由于砖石是砌筑墙体的主要材料，因此砖雕多位于照壁、门窗洞、博风、墀头等部位。另外，由于晋北屋脊厚重，砖雕装饰件也多被嵌砌在屋脊所需位置；石雕因其质厚、抗压耐腐蚀强等特点，往往被用在建筑基础和大范围外露的装饰部位。基础部分如柱础、台明、栏杆、门枕石等，外露的装饰通常为抱鼓石、上马石等。在优美的形式下，晋北民居装饰中还传递有主人高雅的审美情趣与耕读传家的理念。如大同县落阵营把教育子孙、耕读传家之类的理念当作座右铭雕刻在墙壁上。其中以一处影壁砖雕《喜报三元图》最有代表性，其上部雕造繁缛，壁心雕有仆人、书生，意态生动，画中还题有"碧桐茂蔚荫高轩，又见凌晨喜鹊喧，借问仙禽何所报，祯祥早以兆三元"的诗句，反映了屋主人读

图2-4-1　大同县落阵营村木雕（来源：薛林平 摄）

图2-4-2　大同县落阵营村砖雕（来源：薛林平 摄）

图2-4-3　大同县落阵营村石雕（来源：薛林平 摄）

书仕进、光耀门庭的主题思想（图2-4-1～图2-4-10）。

晋北地区气候寒冷，家中火炕不可避免地成了冬季室内的活动中心。居民为防止土炕周围墙面脱落弄脏衣物，在环炕的墙上涂上"围子"并加以修饰，形成了具有地域特色的

图2-4-4　大同县落阵营村抱鼓石图（来源：网络）

图2-4-6　大同县落阵营村影壁（来源：薛林平 摄）

图2-4-7　大同县落阵营村木雕（来源：网络）

图2-4-5　大同县落阵营村抱鼓石（来源：薛林平 摄）

图2-4-8　广灵县殷家庄村民居木雕与砖雕（来源：韩卫成 摄）

图2-4-9　大同县落阵营村木雕图
（来源：薛林平 摄）　　图2-4-10　大同县落阵营村石敢当
（来源：薛林平 摄）

墙面装饰"炕围画"。它通常由上下两道边道形成外框，中间绘以壮丽河山、历史人物等丰富题材，在保护衣物的同时也寄托了劳动人民的生活情趣（图2-4-11）。

（二）隽永的题材

装饰题材多选取具有健康长寿、人丁兴旺、财源广进、考取功名等寓意的图案，这体现了晋北人民追求幸福、渴望美满的人生观，也表达了人民对美好生活的向往。晋北民居建筑装饰的题材种类很多，如在花卉果木中，多使用松柏荷梅。松在中国历代被称为"百木之长"，是长寿的象征，有句俗语叫做"寿比南山不老松"；柏树庄重肃穆，且四季常青，历严

图2-4-11　晋北民居炕围画（来源：《山西晚报》）

冬而不衰，常被人们视作坚贞不屈、意志顽强、不屈不挠的象征；梅花冰清玉洁、傲骨嶙峋，象征着高贵的气节；荷花"出淤泥而不染，濯清涟而不妖"，表达民居主人希望保持高洁品格的美好期望。在祥禽瑞兽中，龙、凤、鱼、鹿等经常出现，龙凤寓意高雅祥瑞，鱼通"余"寓意，寓意连年有余；鹿通"禄"，寓意官运亨通，通常与蝙蝠一起连用，表达福禄寿喜之意。对民居艺术而言，装饰的内容及形式伴随有复杂的历史文化背景。如都督府正房立面，在传统建筑结构上加了竖三段横五段建筑装饰，这是在当时特定条件下中西文化融合的产物。除了反映一定的历史背景，建筑装饰内容也揭示了人们对当地文化环境的认识与理解，如阎锡山故居中有一幅"力大拗不过理"的雕刻，它简单而直白地表明了"理"在人们心中的重要地位（图2-4-12）。

总体而言，装饰艺术的意义深远，它既是对历史的再现，又是对人生处世的深思。装饰作为文化的载体，通过图案、结构、序列表达主人的欲求与情感。展现了该地区悠久的儒家文化和典雅的文化氛围。

（三）实用的功能

晋北的大部分建筑，其装饰的构件和手法往往与功能紧密结合。例如许多房屋的青石台座就是房屋的基础，雕花石础是为了满足木柱防潮的要求并增强其负重能力，菱花窗格是为了便于夹绢糊纸，屋顶上的瓦脊是为了防漏雨，檐头出挑是为了排水溜远，油漆彩画是为了保护木材而采取的必要措施，仙人走兽是固定屋瓦的铁钉套子。如果没有如上这些

图2-4-12　定襄县阎锡山故居"力大拗不过理"雕刻（来源：《河边古镇及阎锡山故居的空间研究》）

图2-4-13　代县阳明堡镇门斗（来源：《晋北阳明堡古镇及其建筑空间形态分析》）

装饰，就会影响民居建筑的坚固和实用。除此之外，为了保温，减少热量散失，晋北建筑砌筑厚重的墙体，入口门斗多设计为双层，门扇高度比较低，窗扇可开启面积减小。中国古代的匠人们，就是凭借着这些实用的手段，实现了技术与艺术、形式与功能的完美统一（图2-4-13）。

第五节　防守坚固、庄重敦厚的晋北传统建筑

对晋北建筑进行深入了解后可知，晋北的传统建筑与聚落是对特殊地理环境的适应性表达，是对防御要求的适时性表达，是对营造技艺的应用性表达。

一、对特殊地理环境的适应性表达

晋北地区气候较山西其他区域相对恶劣，地形以山地、丘陵为主，盆地间隙分布。其西边有毛乌素沙漠，北部与内蒙古和陕北的风沙地带相毗邻，气候高寒，春秋两季气温较低，夏季稍热，冬天极为寒冷，属于典型的温带大陆性气候。因此为了争取更多的能量，晋北地区的建筑形态往往表现出严实敦厚、立面平整、封闭低矮的特点，这些特性有利于保温御寒、避风沙以适应当地不利的气候条件。

二、对防御要求的适时性表达

晋北地区历来是战略要地，在冷兵器时期，它常常是北方新起部族的根据地，这里向来战争频繁。因此，该地区古村镇具有很强的封闭性和围合性，其中外围防卫体系最为突出。其防御体系由诸多要素组成，发挥着各自的功能，它们之间既各自独立又相互联系，构成了从点到线的防御职能，共同构建了坚固的防御体系。这些要素包括：瓮城、墙、门、雉堞、马面、马道、城楼、角楼、敌楼等。

三、对营造技艺的应用性表达

晋北相比晋南或晋东南等地区来说，自然环境更恶劣，但是勤劳的古代人民发挥了自己的智慧，因地制宜，扬长避短，在晋北谱写出灿烂的实用性装饰艺术。其建筑装饰风格充分体现出了雁北风貌，给人以简洁大方、厚重稳健的整体印象。

第三章 晋东传统建筑

晋东位于太行腹地，多山而寒冷。该地区自西汉建制，唐代设州，清代为直隶州，历史悠久，军事与商业文化均十分突出。晋东地区的传统聚落以农耕为基础，以军事型与商业型聚落为特色，应对自然环境与聚落业态形成了多样的选址与格局。其建筑则应对当地多山的地形与寒冷的气候，以砖石为主要材料，形成了大量的石砌锢窑，与木构瓦房、平房等其他建筑类型围合形成了层次分明的合院建筑，形成了因地制宜、质朴亲和的整体风貌。

第一节　太行腹地古州平定

一、地理气候

晋东地区位于山西东部太行山中段，主要包括山西东部的阳泉盆地及其周边山区。阳泉市的市区、郊区和平定县大部分构成了核心的盆地平原区，并与盂县盆地、昔阳北部的部分平地相连通；其西侧与晋中盆地、东侧与井陉盆地通过太行山间的谷地河流相连。

晋东地区境内地貌以山地为主，境内山高谷深，最高点盂县西部的坪塔梁海拔为1803.6米，最低点平定县东北部的娘子关绵河谷地海拔仅350米，两地高差达到1453.6米。境内主要的山脉有牛道岭山脉、两岭山脉、白马山脉、秋林山脉、绵山山脉、艾山山脉、北方山山脉、七岭山脉、南方山山脉等。

晋东地区绝大部分地区属于海河流域，最主要的水系是滹沱河与绵河。其中滹沱河流经盂县北部地区，主要支流包括乌河、龙华河、石塘河等。绵河由温河与桃河汇流而成，温河发源自盂县，经河底镇南流至巨城镇后折向东流，桃河则流经阳泉盆地的中心区域，与温河在娘子关汇合。绵河在娘子关以东与松溪河汇流，最终注入滹沱河。

晋东地区属于暖温带大陆性气候区，境内四季分明、各有特点。春季大致从4月到6月，干旱严重，风沙天气较多；夏季大致从6月到8月，炎热多雨，时有洪涝灾害；秋季大致从8月到10月，气候宜人，降温迅速；冬季大致从10月到次年4月，寒冷干燥，多晴天。从内部气候区划来看，西北部属于温寒气候区，相对湿润；盂县大部分地区、阳泉郊区与平定县西部边缘山区属温凉气候区；郊区与平定县大部分地区及盂县局部属温暖气候区；桃河、滹沱河谷地东段属暖温气候区，热量相对丰富、降水量较少（图3-1-1、图3-1-2）。

二、历史沿革

晋东地区历史悠久，从秦汉起设立县治开始，作为行

图3-1-1　盂县山区景观（来源：潘曦 摄）

图3-1-2　温河景观（来源：潘曦 摄）

政区域的历史长达两千余年。自唐武德年间开始，晋东地区便有设州之记录，距今约1400年；之后，该地区在宋代设平定军，金代至清代设平定州，其中作为直隶州的时间有188年。

晋东最早设立县治是在西汉建元元年（公元前140年）置上艾县，属并州太原郡，县治在今阳泉市平定县张庄镇新城村。之后，这一建制延续了千余年的时间：东汉时期，上艾县之地属冀州之常山国；三国、西晋时期，上艾县属并州乐平郡；南北朝时期沿袭该建制，但上艾县之县名在北魏登国元年（公元386年）改为石艾，太平真君九年（公元448年）复称上艾，北魏孝昌二年（公元526年）又改为石艾县。

隋代，石艾县属并州太原郡之辖地①。隋开皇十六年（公元596年），分石艾县之地设原仇县并兴建县城（即今盂县县城所在地），隋大业二年（公元606年）更名为盂县，属太原郡。至此，今日阳泉市的两个辖县——平定县和盂县南北分立的格局大致形成了。此外，冀州恒山郡之下的井陉县一度分置苇泽县，治所在苇泽关（今娘子关），后于大业初年废止。

自唐代开始，晋东的地位进一步上升。唐武德三年（公元620年）割并州之盂县、寿阳县设受州，州治在今山西盂县，当时石艾县属辽州。唐武德六年（公元621年）石艾县、乐平县亦归属受州。唐武德八年（公元623年）受州州治迁至赛鱼（在今阳泉市矿区）②。唐贞观八年（公元634年），受州废置，石艾县改广阳县，迁县治于广阳（今昔阳县沾尚乡），与盂县一同归属河东道太原府管辖，五代十国时期基本沿袭了这一建制。北宋时期，晋东在广阳县建平定军③，北宋太平兴国四年（公元979年）广阳县改平定县，县治从广阳城迁至榆关城（今平定县上城），属河东路，金代属河东北路（图3-1-3）。

自金代开始，以今平定县城为中心的平定州的建制便稳定了下来；金大定二年（1162年）设立平定州，辖平定、乐平二县。元代，晋东地区主要属中书省冀宁路，今平定县设平定州、领乐平县，今盂县设盂州（不领县，与县同为四级行政区）。明代山西先后设山西行中书省与山西承宣布政使司，今平定县设平定州，领乐平县，属太原府管辖；盂县亦属太原府管辖。清雍正二年（1724年），平定升为直隶州，领寿阳、盂县、乐平三县，继唐受州、宋平定军后又一次统辖四县，一直延续到清末，达到了行政建制之盛期。

民国时期，平定州废，清代平定州辖之四县建制归属屡经变动。新中国成立后，平定、盂县成为阳泉市属县，寿阳、昔阳（原乐平）成为晋中市辖县。

可见，太行山中段的阳泉盆地及周边地区自金代到清代

图3-1-3　建于北宋的天宁寺塔（来源：《阳泉古建筑纵横》）

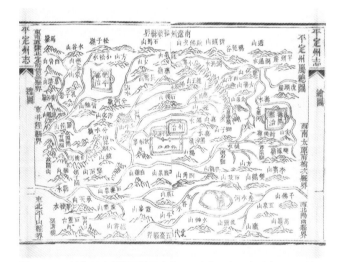

图3-1-4　清代平定州州属总图（来源：光绪八年平定州志，涌云楼藏版，绘图1-2）

一直维持平定州之建制，其辖域涉及平定、寿阳、盂县、乐平三县，其中平定县是建制历史中是最重要的核心区域。这一区域与晋语方言分区中大包片在晋东的飞地是基本重合的（图3-1-4、表3-1-1）。

---

① 石艾县隋初原属辽州，大业中归并州太原郡。社会科学文献出版社，1992，平定县志：3.
② 唐人李吉甫《元和郡县图志》载："寿阳县…武德三年置受州，县改熟焉"，"广阳县…六年，改属受州"，"废受州城，在（广阳）县西北三十里，旧名赛鱼城，武德八年因故迹筑，移受州治此，贞观八年废"，"武德三年，割并州之盂、寿阳二年於此置受州，贞观八年省受州"，"乐平县…武德六年属受州"。
③ 关于平定军的建军时间与地点，文献中说法不同，本文采用的是较为主流的、也是平定县志采用的说法。其他说法还有《元丰九域志》卷四记载的"太平兴国四年以并州平定县置军"，《宋会要》方域六·平定军条记载的"太平兴国四年以并州广阳县建军"，《宋朝事实》卷十八记载的"太平兴国七年改上艾县为平定县，置平定军"等。

晋东地区建制沿革表[1]　　　　　　　　　　表 3-1-1

时间	建制	晋东建制		
西汉 公元 202 ～公元 8 年	州、郡、县	上艾县 属并州太原郡		
东汉 公元 225 ～公元 220 年	州、郡、县（国）	上艾县 属冀州常山国		
三国（曹魏） 公元 220 ～公元 266 年	州、郡、县	上艾县 属并州乐平郡		
西晋 公元 266 ～公元 316 年	州、郡、县	上艾县 属并州乐平郡		
南北朝（北魏） 公元 386 ～公元 557 年	州、郡、县	上艾县、石艾县 属并州乐平郡		
隋 公元 581 ～公元 618 年	州（郡）、县	石艾县 属太原郡	盂县 属太原郡	
唐 公元 618 ～公元 907 年	道、州（府）、县	受州 属河东道，辖广阳、盂县、乐平、寿阳		
		广阳县 属河东道太原府	盂县 属河东道太原府	
北宋 公元 960 ～ 1127 年	路、州（府、军）、县	平定军 属河东路，辖平定、乐平	盂县 属河东路太原府	
金 1115 ～ 1234 年	路、州（府、军）、县	平定州 属河东北路，辖平定、乐平	盂县 属河东北路太原府	
元 1271 ～ 1368 年	省、路、府（州）、县	平定州 属中书省冀宁路，辖平定、乐平	盂州 属中书省冀宁路，不领县	
明 1368 ～ 1644 年	省、府（州）、县 省、府、州、县	平定州 属山西省太原府，领平定、乐平	盂县 属山西省太原府	
清 1616 ～ 1912 年	省、府（直隶厅/州）、县（散厅/州）	平定州（直隶州） 辖平定、寿阳、盂县、乐平		
民国 1912 ～ 1949 年	省、道、县	平定县 属山西省冀宁道	盂县 属山西省冀宁道	
	边区、专区、县	平东县 属晋察鲁豫边区 第一专区	平西县 属晋察鲁豫边区第二专区	盂平县、盂阳县 属晋察冀边区第 一专区
中华人民共和国 1949 年至今	省/直辖市/自治区、市/地区、县/ 县级市/区	阳泉市 属山西省，辖城区、矿区、郊区、平定县、盂县		

---

[1]　表格内容根据社会科学文献出版社1992年《平定县志》、中华书局2011年《盂县志》、山西古籍出版社2005年《山西历史政区地理》整理。

第二节　依山就势聚而居之

一、聚落选址

"聚落"一词，"聚"是指聚集，"落"是指定居。聚落的形成第一步就是选址，正如《尔雅·释诂第一》所言："落……始也。"

人群必然是通过迁徙而到达定居之地的，先有徙而后才有落。因此，从相对宏观的角度而言，聚落的分布必然与人群迁徙的通道相关。

（一）自然环境与聚落选址

影响人们迁徙的因素，首先是自然的地形地貌。

晋东地区以平定盆地为中心，北部通过盂县的盂城、苌

池盆地通往忻定盆地，南部与昔阳县部分平原连通，这些平川地带便于交通，也是聚居较为集中的地带。晋东地区最早的县治——上艾县县城（在今平定县张庄镇新城村）就位于平定盆地南部。此后各个时期的州治、县治，除唐受州最早的州治赛鱼和隋代的苇泽县县治位于山间的要道路口外，其余的均位于晋东几个比较主要的盆地区。

此外，河流也是人群迁徙的重要廊道。晋东地区大部分属于海河流域，其中阳泉市境内有60余条河流。在晋东地区的河流中，比较主要的是平定县境内的温河与桃河水系（在娘子关汇成绵河东流）、昔阳县境内的松溪河等。这些河流及其支流作为重要的迁徙廊道，其沿线的聚落也较为集中。曾作为唐代受州州治的阳泉郊区赛鱼村就位于桃河沿岸，曾作为隋代苇泽县县治的娘子关镇河北村则位于绵河沿岸（图3-2-1～图3-2-4）。

图3-2-1　绵河北岸的平定县河北村（清平定州河北屯）（来源：潘曦 摄）

图3-2-2　温河北岸的平定县下董寨村（清平定州董寨屯）（来源：潘曦 摄）

图3-2-3　桃河东岸的平定县下盘石村（清平定州盘石屯）（来源：朱宗周 摄）

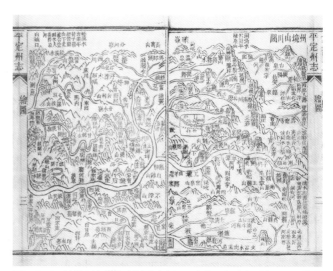

图3-2-4　清代平定州境山川图（来源：光绪八年平定州志，涌云楼藏版，绘图2-3）

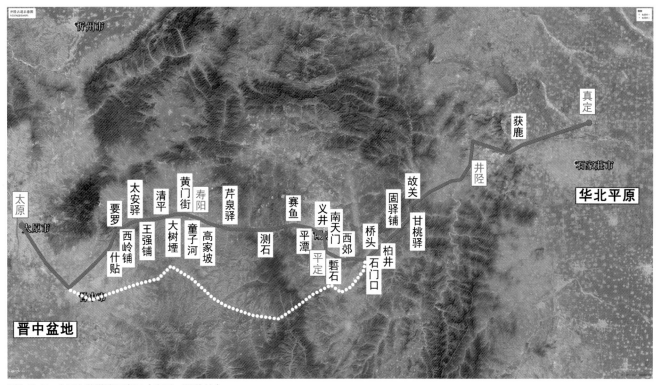

图3-2-5 由晋入燕道路示意图（来源：潘曦 绘）

（二）道路交通与聚落选址

　　影响人们迁徙的第二个因素是道路交通。晋东地区历史上的道路交通，大致可以分为驿道与民间道路两大类型。

　　隋大业三年（公元607年），隋炀帝为了"安辑河北，巡省赵魏"来巩固对北方的统治，"发河北十余郡丁男凿太行山，达于并州太原，以通驰道"。这条道路就途径井陉、娘子关一带，是石家庄到太原之官道的滥觞。唐代时，这条道路依旧使用，广阳县从娘子关出山西到鹿泉（今河北获鹿县），又50里可达恒州（今河北石家庄），西经寿阳连接太原，曾经作为唐代广阳县县治的昔阳县沾尚乡就位于这条道路上。到宋太平兴国四年（公元979年）将广阳县改为平定县并将县治迁到榆关之后，这条道路改从太原经榆次县什贴镇，再经要罗、西岭铺、太安驿、王强铺、清平、大树垞、黄门街、童子河、寿阳县城、高家坡、芹泉驿、测石、赛鱼、平潭、义井、南天门入平定县城，后经蹔石、西郊，在石门口沿旧道东行（图3-2-5）。

　　明代，从北京出发有7条干线驿道通往全国各布政使司，这条道路就是北京至山西路的驿道中的一段，途中设有驿站、配备有马匹人夫。其中主要的驿站有洪武三年（1370）设置的芹泉驿、同年设置的平津驿，以及洪武二十二年（1399年）设置的柏井马驿。

　　清代时，山西的驿道按等级高低可以分为"大驿"、"次冲"和"偏辟"三级，而从直隶进山西、途径平定州至蒲州府出省、西通巴蜀的驿道是其中唯一的一条"大驿"。在光绪《山西通志》中，记载了这条驿道在晋东地区设的驿站和铺递，自东向西依次为：陉山驿、甘桃驿、固驿铺、槐树铺、柏井驿、平潭驿、芹泉驿、寿阳驿、太安驿。除了这条大驿之外，各县治与州治间亦有道路联系、设有铺递。例如，平定州有东、南、西、北四条出城驿道；昔阳县有东、南、北三条出城驿道；盂县设东、南、西三条驿道；寿阳县设东、西、北三条驿道。

二、聚落格局

晋东地区传统聚落的格局，以线性和团块状两种格局最为常见，这与晋东地区的自然环境和地区发展脉络密切相关。

从自然环境来看，晋东地区位于太行山脉中段，其中心地带是平定盆地，北侧为盂县盆地，其余的大部分地区都是山地和丘陵。

在平原地区或开阔地带的聚落，大多以团块状的格局出现，使得聚落内部的交通距离较短，也使公共建筑的服务范围更加集中。例如，平定州城便是平定盆地中最主要的团块状聚落。再如平定县的南庄村，位于一片向阳开阔的缓坡之上，村落毗邻河流与过境道路、呈团状聚拢，村内主要道路沿山坡等高线将居住院落串联起来，大片的农田则分布在村落周围的山坡之上（图3-2-6）。

在山地地区，尤其是用地较为紧张的聚落，则多以线性的格局出现。前文中提到，由于人群在山区大多通过山谷、河流等廊道迁徙而到达定居点，山区聚落也多沿这些廊道分布，因此聚落的格局较多地受到地形的影响，沿山谷、河流的走向延伸，因而呈现出线性格局。例如，平定县的下董寨村位于温河河谷之中，南临河道、北靠山体，村落沿着河谷的走向形成线性格局，村中的主要街巷也随之成东西走向（图3-2-7、图3-2-8）。

从地区发展的脉络来看，晋东区域社会经济发展的核心优势是地处山西东大门的区位优势，这一优势首先带来了晋东在隋、唐、宋时期军事地位的提升。晋东地区扼守太行八陉之一的井陉，联系着山西与河北的腹地，其农业生产条件虽谈不上优渥，却也能形成一定的规模，因而成为设立军事据点的绝佳选址。而后，晋东的区位优势又促进了工商业的发展，随着物质设施的建设、农业生产的积累和明清晋商的崛起，作为联系晋中与京师必经之地的晋东地区凭借着区位与资源优势达到了工商业发展的鼎盛时期，进而促进了该地区聚落的发展。

军事型的聚落，其空间格局往往是出于防御性的考虑，使聚落与所在的自然环境一同构成最有力的对敌局

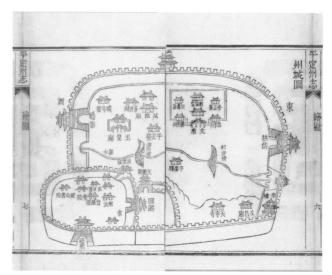

图3-2-6　清代平定州城图（来源：光绪八年平定州志，涌云楼藏版，绘图6-7）

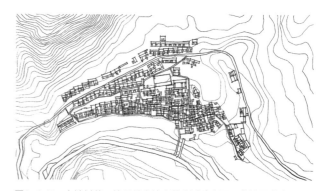

图3-2-7　山地村落：娘子关古镇上董寨村（来源：薛林平 等）

图3-2-8　山地村落：回城寺村（来源：潘曦 摄）

图3-2-9 军事型聚落：娘子关关城（来源：潘曦 摄）

势。例如平定县的娘子关关城，就是一个典型的军事型聚落。关城位于绵河河湾的绵山山腰上，呈南北向线性布局，与之相连的城墙沿山脊向南延伸，与关城构成了有力的防御体系、直面西面的来敌[①]。而城内仅一条主街，西来的敌军即使攻入城内，在巷战中也处于劣势。南城门内设有颇具规模的关帝庙，成为关城军事文化的见证和延续（图3-2-9、图3-2-10）。

商业型的聚落，其空间格局则受到商业行为的影响。例如，娘子关关城东侧约3里的娘子关村，就是一个典型的商业型聚落。村的核心是沿绵河东西走向的兴隆街，街道两侧

密布着商铺，其所在的院落为了在有限的商业界面中获得足够的使用面积，形成了小面宽、大进深的狭长的用地格局。村落以这条商业街为核心向外生长，也形成了沿河的线性格局。兴隆街两端则分设东阁、西阁，供奉财神、观音、文昌、玄武等神祇（图3-2-11、图3-2-12）。

而农业型的聚落，则更偏好集中型的格局，使农业生产与合作更为便利。如平定县的南庄村，位于一片向阳开阔的缓坡之上，村落毗邻河流与过境道路，呈团状聚拢，村内主要道路沿山坡等高线将居住院落串联起来，大片的农田则分布在村落周围的山坡之上（图3-2-13、图3-2-14）。

① 娘子关关城建于明代，是沿太行山设置的"三边长城"中的重要关隘，其作用是在蒙古骑兵突破大同一带的防线向南到达太原后，防止其进一步东进而威胁京师。

图3-2-10　关城南门（来源：潘曦 摄）

图3-2-12　兴隆街（来源：潘曦 摄）

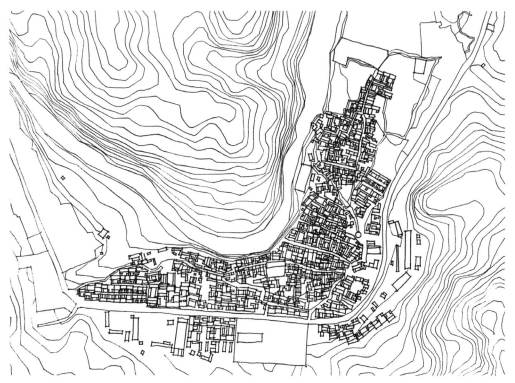

图3-2-11　商业型聚落：娘子关古镇娘子关村（来源：薛林平等 绘）

图3-2-13　农业型聚落：南庄村（来源：潘曦 摄）

图3-2-14　农业型聚落：回城寺村（来源：潘曦 摄）

第三节 合院建屋层次分明

一、公共建筑

晋东地区历史悠久，至今仍然留存了诸多不同历史时期的传统建筑。其中，公共建筑主要包括寺庙、书院、祠堂等类型，建筑年代早至北魏，宋、元、明、清历代均有遗存。至2016年，阳泉市、寿阳县、昔阳县共有13处全国重点文物保护单位，8处省级文物保护单位，其中古建筑有阳泉郊区的关王庙，盂县的藏山祠、大王庙、府君庙、坡头泰山庙、三圣寺、盂北泰山庙、烈女祠，平定县的天宁寺双塔、冠山书院、马齿岩寺，寿阳县的普光寺、福田寺、孟家沟龙泉寺、松罗院，昔阳县的崇教寺等15处，还有昔阳县石马寺石窟、卧佛寺以及平定县开河寺石窟3处石窟寺，均为公共建筑。

在晋东地区的公共建筑中，最有代表性的是寺庙类建筑。寺庙类建筑大多布局有序、层次分明。例如，盂县的烈女祠，其建筑群沿水神山由低到高构筑而成。全祠共4所殿院，分上下两院，依主轴线自南向北依次为影壁、木牌楼、仪门、圣母殿，轴线东西两侧则有耳殿、东西配殿、钟鼓楼。其建筑群体既轴线清晰，又依山就势，参差有致（图3-3-1~图3-3-3）。

在这些寺庙中，木构建筑以明清时期建造的居多。例如，盂县藏山祠的正殿文子祠就是一处始建于明弘治十七年（1504年）的单檐歇山顶建筑，建筑屋顶檐出深远，梁架举折平缓，斗栱雄健壮硕，殿内采用"减柱法"，空间通敞。殿内壁画绘于始建之时，至今保存完整（图3-3-4~图3-3-6）。石窟造像则以南北朝时期北魏、北齐造像为主。例如，昔阳的石马寺石窟始建于北魏永熙三年（公元534年），现存石刻造像千余尊，其中大部分是北朝时期的作品。其造像包括石窟造像和摩崖造像，艺术特征上与龙门石窟、天龙山石窟等有相通之处。平定县的开河寺石窟开凿于北魏永平三年（公元510年），石窟沿山崖绵延，分为东西两院，其中东院为主院，依山开凿有三处石龛，共有佛像88尊。

图3-3-1 盂县烈女祠建筑群（来源：《阳泉风景名胜志》）

图3-3-2 盂县烈女祠（来源：薛林平 摄）

图3-3-3　烈女祠正殿（来源：潘曦 摄）

图3-3-4　藏山神祠建筑群（来源：薛林平 摄）

图3-3-5　文子祠梁架（来源：薛林平 摄）

图3-3-6　文子祠壁画（来源：《阳泉风景名胜志》）

此外，晋东的文教建筑也颇具特色。古平定州十分重视文化教育，"自昔号为义学之邦，有谓其人喜读书，急功名风尚使然"①，书院、魁阁、文昌阁等文教建筑十分普遍。其中，最具特色的当属平定县的冠山书院。冠山书院的历史可追溯到北宋的"冠山精舍"，现存建筑主要包括资福寺、崇古书院、文昌阁、吕祖洞及夫子洞。资福寺为单进四合院，坐北朝南，中轴线上有山门、正殿，两侧有钟、鼓二楼对峙，正殿东西各有配殿三间。崇古书院为二进四合院，坐西朝东，随地势分上、下两院。文昌阁和吕祖洞均为单开间砖券窑洞，坐西朝东，依地势分上下两层，上为文昌阁，下层为吕祖洞。夫子洞为石窟，开凿于明嘉靖年间（图3-3-7、图3-3-8）。

二、居住建筑

晋东地区的传统居住建筑多为院落式布局，最常见的院落布局是一正一厢式的二合院，或是一正两厢式的三合院。

正房一般为窑洞，以三孔窑洞最为常见②。正房的台基通常高出院落地面数步台阶，房前廊道形成平台，与厢房相接。有些正房会建造木构架、单坡瓦屋顶的抱厦，其构架、屋顶往往装饰精美，在院落中形象十分突出。一般正房的三孔窑洞，当心一孔地位最高、供尊长居住，左侧窑洞地位次之，右侧窑洞地位更低一些。窑洞内部在窗下设置火炕，这里采光通风良好，是日常起居坐卧最重要的场所；靠门一侧为走道，沿墙设有火炉、橱柜等家具；窑洞最内侧多用于储物，也有的倚靠后墙设置供桌，供奉家中先辈的。

厢房有的使用锢窑，也有的使用瓦房，还有少量使用平房。锢窑以两孔纵窑最为常见，也有的使用横窑，俗称"枕头窑"。瓦房一般为三开间，在当心间开门。厢房可供居住使用，也有作为厨房或储物空间的。厢房与正房之间，有时会设有耳房，作为厨房或储物间使用（图3-3-9、图3-3-10）。

在一正两厢三合院的基础上加以扩展，就形成了"工字院"。在这类院落中，三合院是主人家居住的内院，其院门常常是形制精美的垂花门。垂花门外是一个横向的狭长院落，这个外院与内院以及正房前的平台一起，组成了一个

---

① （清）金明源，平定州志乾隆年刻本，志七之选举志，国家图书馆古籍馆藏。
② 也有少数宅院中以木构瓦房为正房的，如大阳泉村敗家大院，正院以五开间瓦房为正房，偏院以三开间瓦房为正房。

图3-3-7 冠山书院建筑群（来源：《阳泉风景名胜志》）

图3-3-10 正窑抱厦（来源：潘曦 摄）

图3-3-8 冠山书院资福寺（来源：《阳泉风景名胜志》）

图3-3-9 三合院（来源：潘曦 摄）

"工"字形，"工字院"的名称即由此而来。院落通常坐北朝南，外院的倒座被称为"南房"。这栋房屋一般作待客之用，也叫"戚位"或"客位"，中间的三开间为客厅，陈设有桌椅书画，两侧开间内靠窗盘火炕、为"暖阁"，供客人休憩使用。南房往往有较多的装饰细节，例如房屋前廊梁架上常有装饰性的斗栱，露明的木构件也多有雕刻；立面上的木制格扇门窗、房屋内分隔客堂与暖阁的格扇纹样十分丰富；有的还在暖阁内施以壁画，形制精美。外院的东南角毗邻南房设有门楼，其正对的厢房山墙形成入口的照壁，门楼上方常设有夹层用于储物（图3-3-11～图3-3-13）。

"工字院"若再进一步横向、纵向扩展，就形成了形制多样的大型院落。例如，大阳泉村的景元堂，是在核心的"工字院"，两侧各增加了偏院，并在"工"字形正院的院门之外又增设了一道大门。景元堂的正窑也与普通的三合院、"工字院"正窑略有不同：正院的三孔窑洞为"一明两暗"的格局，仅中间一孔窑洞对外开门、作堂屋使用，室内不设炕，两侧的两孔窑洞均与堂屋连通而不单独对外开门，室内靠窗满铺火炕；相应的，其外立面上当心一孔窑洞设有四扇格扇门，其余两孔窑洞设有宽大的窗户。在正院和偏院的正窑顶部，还建有一列木构瓦房，可从东偏院台阶到达，当地俗称"高房"。其中与正院对应的是五开间带有前廊的双坡硬山顶建筑，两侧对应偏院各有一间低矮的耳房，是宅院里祭祖的场所（图3-3-14）。

图3-3-11　工字院单元鸟瞰图（来源：潘曦 摄）

　　平定上董寨的王家大院，则是将三个"工字院"横向并置，与两侧的偏院由南侧的一条通道串联起来，形成了一个院落群（图3-3-15）。

　　又如，阳泉小河村的明远堂主院，不仅在"工"字形正院的侧面设有偏院，而且在其南侧又增加了一进院落，原来"工"字形正院南侧的戚位在南北两侧均与外连通，形成了"穿心戚位"的格局（图3-3-16）。

图3-3-12　垂花门（来源：潘曦 摄）

图3-3-13　暖阁（来源：潘曦 摄）

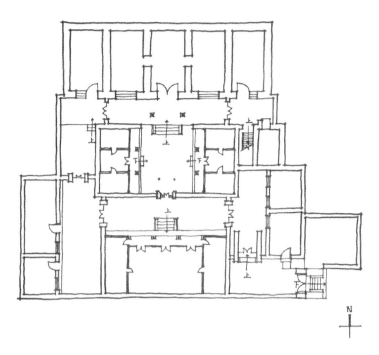

图3-3-14　大阳泉村景元堂平面图（来源：薛林平 等 绘）

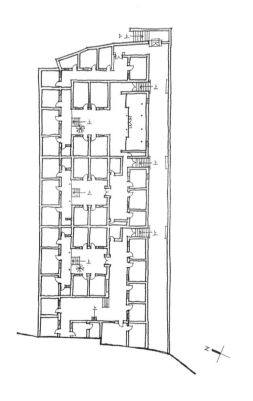

图3-3-15　上董寨村王家大院平面图（来源：薛林平 等 绘）

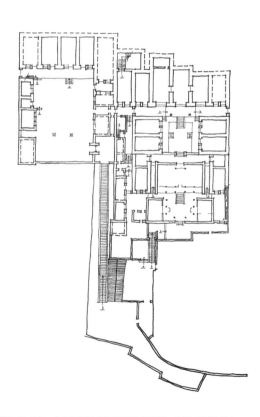

图3-3-16　小河村明远堂平面图（来源：薛林平 等 绘）

第四节 砖石木土建构家屋

一、结构与材料

晋东地区的乡土建筑以石材和砖瓦为最普遍的材料，具体的单体建筑技术类型主要有窑洞、木构瓦房和平房。

窑洞是晋东乡土建筑中数量最多、分布最广、年代跨度最大的建筑类型，有靠崖窑、锢窑等形式，从遗存实例来看，大部分为锢窑。窑洞这一结构类型的流行，与晋东地区的建材资源情况密切相关。建造家屋最基本的目的是建造遮风挡雨的庇护所，核心问题则是形成空间跨度。由于晋东地区木材资源相对缺乏，使用梁柱体系、以单根抗弯材料形成空间跨度较为困难，而该地区具有丰富的砖石资源，十分适宜于建造用小块抗压材料完成空间跨度的拱券结构，因而在

该地区的乡土建筑中，窑洞成为最普及的技术类型（图3-4-1～图3-4-3）。

锢窑多以石材为基础，以砖石在地面上砌筑墙体并发券，顶部覆土而成，高度通常在3~5米左右。一般来说，山区或经济条件一般的家庭多建造石砌锢窑，平原地区或相对富裕的家庭多建造砖砌锢窑。究其原因，一方面是因为石材随处可取，而砖需要在砖窑获取，其质地易碎、不易运输，因而山区多使用石材，砖在平原地区相对普及；另一方面是石材可完全靠人力获取无需购买，而且可以少量、多次地开采，逐渐积累，而砖需要在砖窑由专人烧制、用货币购买，而且是批量生产、一次性耗资较大，因此经济条件一般的家庭更偏爱石材，砖砌锢窑则多出现在相对富裕的家庭中。

木构瓦房相较于窑洞，留存数量较少，多存在于规模较大、形制较高的宅院之中，绝大部分建于清代，也有少量建

图3-4-1 石砌锢窑（来源：朱宗周 摄）

图3-4-2 石砌锢窑（来源：朱宗周 摄）

图3-4-3 砖砌锢窑（来源：薛林平 摄）

于民国时期。其结构做法多是以石材砌筑基础，以木材搭建承重结构，以土坯与砖石砌筑墙体，屋顶为硬山式、以瓦片铺设。其中，房屋的木结构多为双坡式抬梁构架，蜀柱两侧常见有叉手做法。由于当地木材资源匮乏，构架所用木材往往种类不一，梁架构件也多有弯曲、并不规整。建造木构瓦房的材料中，木材不易获得，且加工难度高因而工钱较高；砖瓦不易运输，且需要耗资购买；因而木构瓦房一般出现在经济较为富裕的家庭中。自近代以来，由于木材不易得、建造技术难度高，木构瓦房在乡土聚落居住建筑中建造得越来越少了。此外，一些院落中的正房是在窑洞之上再建造一层木构瓦房，作为祭祀或书房使用，形成"窑上房"的单体形式（图3-4-4、图3-4-5）。

平房是最为简易的一种技术类型。其结构做法是以石材为基础，以砖、石、土坯等砌筑墙体，在墙体上搭设木制横梁，横梁上密铺檩条后以灰泥、煤渣等铺设成稍有坡度的平缓屋顶。这类建筑一般体量较小，多作辅助用房使用（图3-4-6）。

二、装饰与细部

在满足生活生产的空间功能需求的基础上，居住建筑还具有丰富的装饰与细部，需要满足人们在文化、审美等方面的精神与心理需求。

晋东地区的民居院落无论形制高低，其中都会设两处神龛——土地神龛与天帝神龛。每逢新年，这两处神龛就要焚香设供、祭祀五日，保佑来年风调雨顺、五谷丰登、家宅兴旺。

土地神龛中供奉的是土地公或地公地母夫妇。晋东民

图3-4-4　木构瓦房（来源：潘曦 摄）

间传说认为，土地神是天帝册封的各路神仙中官职最卑微者，他作为管理本乡本土的地方神，虽无权势却不害黎庶，因而广得供奉。因为土地官职卑微，其神龛一般不进内院，而是设在院门的侧墙或者正对院门的影壁上，用砖砌筑雕刻而成，高度多在30厘米到60厘米之间，形态模仿屋宇。形制精美的土地神龛，屋顶用砖雕刻出屋脊、鸱吻、屋瓦、瓦当、滴水、椽头等构件，檐下有斗栱、额枋，其下为柱身、柱础、台基，柱间设门，门内为龛，龛中设有土地公或地公地母的神像与香炉。神龛柱间横楣上写着"土地之位"，柱身上贴有"土中生白玉，地内出黄金"的对联，生动地体现出了以农业生产为基础的乡土社群对农耕活动的期望。

天帝神龛中供奉的是玉皇大帝。早年，一些人家会在板瓦上刻画天帝形象或其名称予以供奉，如今多使用写有"天地三界十方万灵"的印刷画像。天帝在神谱中地位尊贵，其神龛设在正房明间左侧的外墙上，多用砖砌筑，形制与土地爷神龛类似。不同的是，神龛内贴的是天帝或天尊诸神的画像，柱身上贴有"天高覆万物/悬日月，地厚载群生"的对联，横楣上写"大德日生"、"神光普照"、"天地相因"、"吉星高照"等（图3-4-7、图3-4-8）。

除了土地与天帝神龛外，有条件的家庭还会通过丰富多样的细部装饰来寄托美好的希望，满足审美需求。建筑装饰的常见类型有：木雕，多出现在梁架檐部、斗栱、雀替、门窗、匾额等部位；石雕，多出现在柱础、墙基、通风口、抱鼓石等部位；砖雕，多出现在墀头、照壁、屋脊、博缝、神龛、匾额等部位；彩绘壁画，多出现在露明的梁架、炕围、

图3-4-5　窑上房（来源：潘曦 摄）

图3-4-6　平房（来源：潘曦 摄）

图3-4-7　天帝神龛（来源：潘曦 摄）

图3-4-8 木雕（来源：潘曦 摄）

暖阁等部位。装饰的题材，一类是借由发音或形象的类似来寄托美好的期望，例如以蝙蝠图案谐音"福"，以南瓜、葡萄、石榴等瓜果的多籽寓意家中多子多孙；另一类是以具有灵性的形象来庇护家宅，如龙、凤、麒麟、八卦、仙人等。这两类装饰，前者可以归结为弗雷泽所说的巫术之"模仿律"的体现，即朴素地认为相似的事物之间具有某种联系，后者则与地方民间信仰体系密切相关。

晋东乡村中的神龛以及各类建筑装饰，在"文化大革命"时期大量遭到损毁，但是在20世纪80年代后又普遍地得到了恢复。土地神为地方神，主要庇护农业生产；天帝为最高神，庇护生活的各个方面，这两者与丰富多样的建筑装饰一起，给宅院中居住的人们带来了精神的庇护，完善了人们认知中的"家"。

第五节　因地制宜、质朴亲和的晋东传统建筑

晋东地区地处太行腹地，地形多山，气候寒冷干燥。应对这一环境气候特征，晋东地区的聚落多集聚向阳，平原地区多呈团块状，山地聚落则依山就势、灵活布置。传统建筑则形成了以窑洞、木构瓦房为主的建筑类型特征。窑洞可以灵活地应对各类坡地地形，其厚重的墙体和覆土屋顶保证了房屋良好的蓄热性能，营造了冬暖夏凉的宜人的室内环境，成为最普遍应用的居住建筑。木构瓦房则形制精美，成为公共建筑、礼仪性建筑主要使用的类型。

从地区文脉上看，晋东发展的核心动力是把守太行山之井陉要道，地处山西东大门的区位优势。这一优势首先带来

了晋东军事地位的提升以及相关的城市、道路等基础设施的建设，接着又促进了晋东商贸的繁荣，使地区社会经济达到了鼎盛时期。因此，晋东围绕着军事要塞和商贸要道形成了诸多军事型聚落和商业型聚落，其空间、形制也体现出相应的特点。

从空间格局上看，聚落格局与其生计模式密切相关。军事型的聚落，其空间格局往往与周围的天然屏障巧妙结合，一同构成有利的对敌局势；商业型的聚落，其格局与商业行为的特征密切相关，多呈线性格局；农业型聚落则偏好集中型布局，优化耕地、建筑与道路的布局。在建筑层面，空间多以院落为单元进行组织，公共建筑多中轴突出、格局规整，居住建筑则内外分明、形制多样。

从建造材料来看，晋东地区石材丰富、石作工艺发达，煤炭资源丰富、砖瓦烧制普遍，此外亦有适宜建造的土壤。在传统建筑中，石材、砖瓦以及土坯得到了十分广泛的应用，也在礼仪性、公共性建筑中使用木材，其工艺风格大多较为质朴亲和。

从地域文化来看，晋东地区有着丰富的民间信仰。在聚落中，为关帝、观音、五道、财神、文昌等神祇建造的建筑常作为聚落重要的空间节点；居住建筑中则普遍设有土地与天帝神龛。这些神祇各司其职，庇护着人们的精神生活。

第四章　晋西传统建筑

　　晋西位于晋陕大峡谷之东的吕梁山脉大部地区，其境域北接塞外，南衔平阳，东邻晋中，西濒黄河，控山带河，向为秦晋通衢，山川形势险固之地。晋西传统建筑最具代表性的就是散布于千里黄土高坡上的窑洞建筑（图4-0-1）。

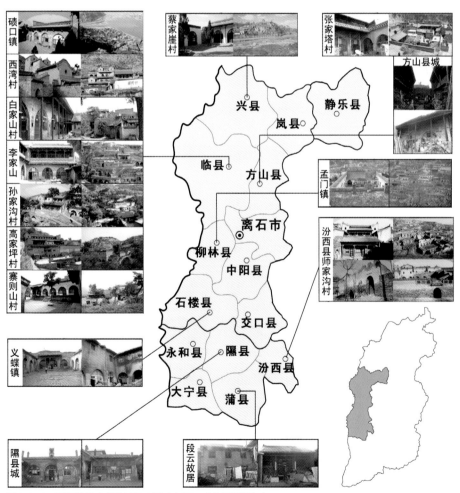

图4-0-1　晋西传统建筑地域示意图（来源：《山西民居》）

第一节　黄土丘壑秦晋之交

一、地理环境

晋西地处两省交界处，滨临黄河，具有水利航运之便。不仅如此，它凭借着晋陕大峡谷、黄河天堑、土金碛、屈产河、龙泉峡之雄，无数的悬崖绝壁和崇山峻岭环绕四周，具有重要的军事战略地位。在古代，晋西还是一个重要的商品集散中心。河曲县的老牛湾开始到河津禹门口，险滩急流随处可见，最险最急的有九碛八关。自明末清初以来，晋西凭借黄河水运的优势，上至碛口、榆林、包头，下接石楼、清涧、永和，东邻柳林、离石、汾阳，西连绥德、延安，发展形成了许多水旱大码头，如碛口、孟门、三交等（图4-1-1）。

晋西拥有广阔而丰厚的黄土层，主要为马兰黄土，其地质构造为大孔性而呈垂直节理，既易于挖掘又能长期壁立而不塌陷，很适于横穴和竖穴的制作。黄土地带的穴居始于横穴居址，黄土阶地断崖为制作横穴提供了理想地段。横穴纯系掏挖出来的空间，不需要较为复杂的增筑技术，容易制作，保持了黄土的自然结构，比较牢固安全。它不但可以满足遮阴避雨的要求，而且由于被较厚的土地所覆盖，所以有很好的防寒避暑功能。另外，晋西北地区属温带寒冷半干旱气候区，年平均气温在7℃以下，冬季长，无霜期短，降水量少，气候比较严酷。为了适应该地特殊的地址及气候条件，当地保留了大量的窑洞与锢窑建筑。

二、历史文化

晋西古时属西河地，《禹贡》曾有"河行其西，界乎雍冀之间南流，为西河"的记载。晋西在春秋时为晋国领地，到公元前403年，周烈王二十三年即晋烈公十七年，韩、

图4-1-1　柳林孟门镇鸟瞰图（来源：韩卫成 摄）

赵、魏三家成为诸侯并平分晋国，晋西成为历史上韩、赵、魏三国之交的"三交"，成为兵家必争之地。秦统一时，晋西属太原郡。汉代时，曾在秦晋大峡谷地带建有西河郡。汉之西河，跨河而置郡，据河而为郡名，这是有一定道理的，说明古人之地理区划是以水土条件和农耕经济特点为依据的。到了明万历二十三年，西河故地的大多数州县分属汾州府治，汾州成为晋西地区较准确的地理概念。汾州府之建制从明万历一直沿袭至晚清，成为中国较有影响的名州府地，由此也沉淀了丰厚的文化遗产。

第二节　汾州故地水旱码头

晋西地区的传统聚落历史悠久，如汾州古城、碛口古镇、孟门古镇等。此外，还有数量众多的村落，均为历史悠久的古村。留存至今的传统村镇大部分较为完整地保留了明清时期的格局风貌，在选址和格局等方面带有鲜明的传统特色。

一、中心城镇

晋西的中心城镇为汾州城，汾州为后魏太和间置，始治蒲子城，在今山西隰州。明洪武元年（1368年）时，领平遥、介休、孝义三县。汾州古城的规模与形制要远超平遥等县级古城。明代永乐初年，明藩宗室"庆成""永和"二郡王被封于汾州。明万历二十三年（1895年），汾州升格为汾州府，其规模和定制因此得到相应拓展。重修于明代的汾州府城墙，依制高四丈八尺，下厚四丈二尺，上厚一丈八尺，周九里十三步。史称："控带山河，肘腋秦晋"。城门四，各有瓮城。东门外向南，名曰"景和"，楼额"汾水环流"；南门外向东，名曰"来薰"，楼额"秦晋通衢"；西门外向南，名曰"宁静"，楼额"盘峰耸翠"；北门外向西，名曰"永泰"，楼额"锁钥雄镇"。近现代，汾阳古城由于大规模建设的原因，部分历史区域已被毁坏（图4-2-1、图4-2-2）。

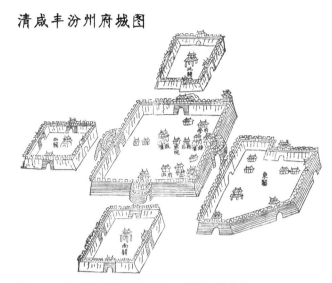

清咸丰汾州府城图

图4-2-1　清咸丰汾州府城图（来源：《汾阳县志》）

图4-2-2　汾阳古城片区现状（来源：韩卫成 摄）

二、滨水城镇

由于一定的历史机遇，加上地理优势，晋西在一些古驿道等交通发达、物流便捷、商贸繁荣的枢纽地带形成很多大型滨水城镇。这类城镇的特点是没有特定的形式，大都由地理及交通条件所决定。

碛口古镇因为优越的地理位置成为了黄河中游著名的水旱码头，清朝中期是碛口商贸的鼎盛时期，被称为"水旱码头小都会"与"九曲黄河第一镇"。据清乾隆二十一年（1756年）《重修黑龙庙碑》载："临永间碛口镇，境接秦晋，地临河干，为商旅往来、舟楫上下之要津也。比

图4-2-3　临县碛口镇鸟瞰图（来源：韩卫成 摄）

年来人烟辐辏，货物山积"。民间亦有"驮不尽的碛口、填不满的吴城"，"碛口街上尽是油，三天不驮满街流"等民谣。

　　古镇形态自由灵活，街巷系统适于交易与居住。在平地建筑面积饱和后，新建建筑顺卧虎山坡依次向上，大多数的主体建筑（正房）是在传统的石拱窑洞上面再加盖砖木结构的楼房。由于地理条件的限制及建筑风格、规模的不同，自然成了形态各异、参差不齐、高低错落、鳞次栉比的生动布局。碛口古镇主要街道有西市街、东市街、中市街，被称为"五里长街"。除主街外，还有十三条小巷，即百川巷、驴市巷、画市巷、稀屎巷、烟花巷、当铺巷、拐角巷、四十眼窑院巷、无名巷、要冲巷等。在主街道南端还有二道街、三道街，一条街比一条街短，行成了梯形的建筑布局。街巷地面都以黄河卵石、方石等铺砌而

成，两侧的店铺都是平板门，门前两侧有高坎台。西市街又称后街，两侧多聚集经营油盐、粮贸等的大型货栈，如荣光店、[①]大顺店、四十眼窑院、天聚永等。西市街两侧分布了许多四合院建筑。东市街又称前街，两侧多为经营百货、日杂、副食等的零售业和服务业的商铺，也是骡马、骆驼运输店集中的地方，规模较大的有三星店、义和店等。东市街上建筑多建高坎台，既可陈列货物，又可防洪防水灾。中市街两侧多为金融机构，如钱庄、银行、票号等。中市街是连接东市街和西市街的街巷，曾是镇内最热闹的街道（图4-2-3）。

三、山地聚落

　　建立在农业基础上的晋西传统聚落，以山地层叠形态的

① 现已改为黄河宾馆。

图4-2-4　临县西湾村鸟瞰图（来源：陈关鑫 摄）

居多。选址受传统习俗的影响，通常会选择四周均有山脉的相对闭合的环境，典型的山地聚落如临县西湾村。

村落东西长250米，南北宽15米，占地3.7公顷有余。村子背山面水，耕地环绕，格局完整，保持了传统的历史风貌。街巷、水井、磨坊、堡墙、寨门、明渠、暗道、坟茔等生活、生产、防御、安全设施，一应俱全。尽管因地形所限，规模较小，但窑院层叠，布局紧凑，依山就势，因境而成（图4-2-4）。

西湾村的空间格局形成于乾隆年间，可以用"五行巷道、一街三门"来概括。所谓"五巷道"是指垂直于等高线、顺坡而建的五条小巷，自西向东分别称为"水巷"、"金巷"、"土巷"、"火巷"和"木巷"，代表了五行中的"金、木、水、火、土"。所谓"一街"是指位于村落南部、贯穿五条小巷的"槐树街"，承载了村落内外交通联系之职能，同时也是村落的公共活动中心。这些街巷在解决内外交通的同时，也构成了村落内部的排水系统，还将聚落空间划分为几个片区。30余处顺坡而建的院落，形成了层层叠叠、起伏跌宕的村落景观。远眺该村落，山形、水色、田畦、人家，自然完美地统一在一起，体现了人与自然的和谐共处，是农耕文明时期我国北方地区传统人居环境的杰出典范。

第三节　层叠台院窑房同构

一、公共建筑

晋西现留存的公共建筑大都依附于城镇修建，根据其修建的方式可将其分为两种类型：一是窑上建房；二是单独构筑。所谓窑上建房，就是在锢窑的屋顶上建造各种式样的房屋，既有硬山悬山之分，也有单坡双坡之别，有时还可以是一个亭子，形式多样，异彩纷呈，常被用于村庙中的正殿、戏台、钟楼、鼓楼或村落中的寨门、庙门等。所谓单独构筑，主要是指在单层的锢窑上，进行房屋化外观处理的构造方式，如把窑洞的屋顶做成坡顶，或在窑洞的前部加建廊厦等。这种构造方式，虽无结构的逻辑性可言，但也丰富了窑洞建筑的外部形象，常被用于村庙中的偏殿、献殿或厢房等。这种窑房结合建造所形成的建筑形态，往往粗中富细、土中含秀、大巧若拙、刚柔相济。

晋西的公共建筑，从其构造形式上来看，纯粹以木构的房屋作为村庙或祠堂等公共建筑的现象并不少见，但更多的是巧妙地利用地方建筑材料，与自然环境融为一体，大多数还是采用窑房同构的建造方式。这些尊重自然，不经雕琢，与当地固有的窑洞形制相结合建造的公共建筑，犹如黄土地里土生土长的植物那样，让人一望便知是何方何物，具有鲜明的地方风味和乡土气息。这无不都是民间匠师善于把握自然，熟谙地方材料，审时度势，兼收并蓄，因地制宜地进行创造的结果，典型的公共建筑如碛口镇黑龙庙、西湾村陈氏宗祠。

碛口镇黑龙庙位于临县南端湫水河入口处的卧虎山上。据清乾隆二十一年（1756年）增修钟鼓楼碑记载：庙创建于明代，雍正年间增建乐楼，道光年间重修正殿和东西耳殿。黑龙庙坐东北向西南，依山傍水。轴线上最前端是山门，由三道石拱门洞组成。门前是一座面阔三间的门庭，门庭上又盖一座歇山顶门楼，两层建筑全凭八根大木柱支撑。紧挨门楼又建倒座乐楼（戏台），前后建筑连为一体。乐楼为歇山顶，琉璃瓦剪边，乐楼左右是十字歇山顶式的钟鼓楼。正殿面阔三间，进深两间，硬山顶，内供黑龙大王。左右两耳殿分别供奉河伯、财神，其余供奉仓官、金龙、庙童。建筑整体左右对称，布局严谨合理。庙宇叠于石崖之上，倚庙廊俯而环视，只见黄河滔滔，古老的碛口镇尽收眼底。这山、水、镇、庙在黄河巍谷之间相映成趣。乐楼的音响效果更为奇特，不用扩音设备，万人看戏，声音清脆，乃至响彻数里，故有"黄涛共鸣，湫水助唱"之说（图4-3-1）。

位于西湾村南端中部槐树街北侧的陈氏宗祠，始建于清，坐北朝南，采用中轴对称的布局方式。祠堂东西长16.4米，南北宽11.8米，占地面积194平方米。一进院落布局，砖木结构。大门、祭堂位于中轴线上，两侧为厢房。大门辟墙拱券，硬山顶，位于正中，两边镶嵌石刻楹联："俎豆一堂昭祖德，箕裘千载振家声"，横批"承先启后"。该祠堂建筑形制与西湾当地民居建筑类似，祭堂砖拱券窑洞三孔，明间前檐插廊，外檐额枋间蝙蝠垫木，柱间镂空雕花雀替，两次间前檐挑檐。柱头承接檩条，檩条下有造型精美的檩枋和雀替。两侧厢房各两间，单坡硬山顶（图4-3-2）。

二、居住建筑

挖掘土窑作为居室，是一种穴居形式，其历史十分古老。所谓"下者为巢，上者为营窟"之"营窟"，就是挖成的穴居住宅，它是古人类在学会建构地面上的房屋之前所住的居室。原始人类在黄土高原上挖掘的住宅，最初是完全仿照天然洞穴的。天然洞穴曾给早期人类提供遮风雨、御寒暑的庇护所。但适宜的天然洞穴毕竟有限，故当黄土层形成后，乡民便尝试着在高原的向阳坡，在沟坎崖上向里挖洞，利用黄土的松软和黏性结构，沿平行于等高线的方向挖成若干拱形的窑洞，这便是最早的横穴居室。

从类型上看，晋西有靠崖窑、地坑窑、半地坑窑和砖石砌筑的锢窑、山地台院。从空间组织上说，则不仅有单间的，也有多间的，还有的是在窑洞正屋两侧筑有厢房，组成院落，可谓多种多样，各具特色。

图4-3-1　临县碛口镇黑龙庙（来源：韩卫成 摄）

图4-3-2　临县西湾村陈氏宗祠（来源：韩卫成 摄）

（一）民居基本型

民居建筑最基本的构成单位是"间"，"间"的构筑既可用木构的房屋，也可用拱券的窑洞。在晋西主要以窑洞构筑"间"，木构的房屋只是从属而已。窑洞一般坐北朝南，山墙、后墙一般不开窗，用厚重的砖墙砌筑，以防风寒。由于当地雨水少，屋顶一般为缓坡或平顶。冬季多在室内置锅灶、火炕。火炕一般用砖砌，内室留出火道，炕内生火，室内温度均匀，既做饭又取暖且经济舒适。山区丘陵地带多依向阳山崖挖土窑洞，多为一明两暗形式。虽然采光差点，但冬暖夏凉，收拾得干净利落，倒也不失为一个温馨宜人的生活环境。

图4-3-3　晋西"一门三窗"靠崖窑洞（来源：韩卫成 摄）

（二）"一炷香"土窑

"一炷香"土窑为晋西普遍存在的民居形式，目前主要分布在吕梁地区。靠崖窑是山区和丘陵地带常见的一种窑洞，因为它要依山靠崖穿土为窑，故此得名。靠崖窑的建造除了利用现成的沟坎断崖外，更多地是将山坡垂直削平，形成人造崖面，然后向内横挖洞穴，平面呈长方形，顶部为拱券形，洞口安装木制门窗，一般在门上开一窗，门旁开一大窗，最上部再开一个天窗，俗称"一门三窗"。若是挖掘的开口较小，门窗只有门和顶窗，故而称之为"一炷香"（图4-3-3）。

（三）地坑窑洞

地坑窑洞是建在较为平坦的地带，当在黄土台塬的塬面和沟坡建造地坑窑洞时，由于一面临沟坡，只能三面竖向开挖，所以便形成了与北方三合院相类似的半地坑窑院，这种制式的住宅在晋西普遍存在。与地坑窑相比，半地坑窑洞更有利于采光和排水，且兼有靠崖窑洞与地坑窑洞的优点。在使用上，一般是北面的靠崖窑为正房，作为会客、长者居住的地方，而两侧的窑洞则用作晚辈居住或储存粮食、杂物及厨房等辅助用房。建造这样的窑洞需将塬面三面下沉，再把削下来的土及挖窑洞的土填入前面的沟坡上，扩大院落的面积，并砌筑院墙、院门，从而形成较为讲究的合院式住宅。

（四）锢窑与窑房

人们在总结黄土窑洞经验的基础上，发展形成了一种称之为"锢窑"的独立式窑洞。从构造和结构形式上分析，锢窑实质上是一种掩土的拱形房屋。从建造材料上看，又可分为土基窑洞、土坯窑洞、砖窑、石窟等。土基窑洞常见的有两种形式，一种是土基土坯拱窑，一种是土基砖拱窑洞。在黄土丘陵地带土崖高度不够，在切割崖壁时保留原状土体作为窑腿和拱券模胎，利用砖拱结顶的，称之为土基砖拱窑洞，利用楔形土坯砌拱时，则称之为土基土坯窑洞。土基窑洞除利用少量砖、土坯砌筑拱顶外，主要材料仍为黄土，所以也可称之为半地下掩土建筑。虽然晋西地区遍地都是黄土，但在一些山坡、河谷地带，基岩裸露，采石方便，有着取之不尽的青石。此外，晋西地区煤炭资源丰富，烧结黏土砖比较方便，因此，建造砖、石锢窑是非常常见的。砖石锢窑的建造是先砌出房间的侧墙，上部以拱券的形式结顶，再将后部用砖石封堵，前面建造门窗、披檐、雨水口等，造型别致，风格独特。锢窑因为其结构体系是土基、砖拱或石拱承重，无需再靠山依崖，便能自身独立，四面临空，所以能在任何一种地形条件下随意建造。又因为在石拱或砖拱顶部仍需掩土夯筑，故而仍不失窑洞冬暖夏凉的优点。这种建筑形式可以单独建造，也可以多间并列，所以布置灵活，既可形成敞院，也能形成合院，具有很强的适宜性（图4-3-4~图4-3-10）。

图4-3-4　方山县张家塔村半地坑窑院（来源：韩卫成 摄）

图4-3-5　临县高家坪村半掩土石窑（来源：《古镇碛口》）

图4-3-6　临县李家山村半掩土砖窑（来源：韩卫成 摄）

图4-3-7 兴县蔡家崖村石砌锢窑（来源：韩卫成 摄）

图4-3-8 临县李家山村石砌锢窑（来源：韩卫成 摄）

图4-3-9 汾西县师家沟村砖砌锢窑（来源：韩卫成 摄）

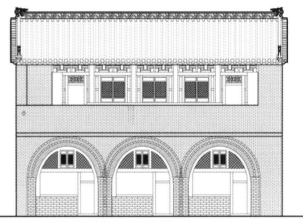

图4-3-10 柳林县三交村砖砌锢窑（来源：韩卫成 绘）

在锢窑的基础上，窑、房合二为一的民居住宅比比皆是。木材可与黄土同时被运用到民居建筑中，从其结合的方式来看，与公共建筑相似，可分为三种类型，一是窑上建房，即在窑洞屋顶构筑木屋，使之成为窑院空间序列的高潮，在视觉上具有统领全局的作用；二是单独建造，这样的木构房屋或作为正窑两侧的厢房，或作为院落主轴线上的厅堂，起到调整和点缀景观的作用；三是作为窑洞的装饰，即在窑洞上部构筑披檐、或在窑洞前部构筑抱厦形成回廊。在某种意义上，可以毫不夸张地说，锢窑这种建筑制式的产生，是导致晋西民居建筑丰富多姿的前提与基础。

（五）山地台院

对于一些财富殷实的大家庭，为了聚族而居，便采取垂直等高线的空间布局方式，进而形成了立体交叉、错落有致的台院格局。这种布局方式多在地势起伏较大，地段比较开阔的山地环境中，利用连续不断的台阶式黄土岗，通过稍加填挖形成台地，然后在平整的台地上布置院落。建筑分别被布置在不同高度的台地上，利用下层窑洞的屋顶作为上层窑洞的院落，充分利用山地空间和地形高差，合理组织居住功能，从而使得建筑形体层层跌落，颇具气势。与等高线垂直布置的院落，其交通组织具有明显的高程变化，上下两院之间，或通过设置楼梯

图4-3-11　汾西县师家沟村民居建筑群（来源：韩卫成 摄）

图4-4-1　晋西民居院落影壁上的神龛（来源：韩卫成 摄）

解决垂直联系，或通过院外街巷出入不同的院落，这样，不仅使得不同的院落上通下达，而且也造成了丰富的、有序的村落景观。西湾村的民居建筑就具有这样高低错落的台地格局，村内的建筑因地制宜，较多采用四合院、三合院形式，既可横向布置，也可纵向扩张（图4-3-11）。

第四节　源于生活质朴简洁

一、传统建筑材料

　　土窑洞是晋西黄土高原较为常见的住宅类型，是以土壤作为围护和支撑体系的民居形式。它利用黄土的力学特性，挖掘成顶部为半圆或尖圆的拱形，使上部土层的荷载沿抛物线方向由拱顶至侧壁传递至地基，解决了建筑屋顶承重和墙体受力问题。窑洞就地取材，相对于木材和石材，它建造成本较低，获取材质容易，是山西西部最常见的传统民居建筑形式。

　　总体而言，晋西民居以窑洞为主，瓦房次之。窑洞有土窑、石窑、砖窑、砖石接口窑之分，房有瓦房、扣瓦房、泥抹房、茅草房之别。有钱人家窑洞挖得高深宽广，为使其坚固美观，窑的前部，包括窑脸及窑门、窗等外部均镶以砖石。内部也用砖或石再券一层，其花费的工力如打窑、用

图4-4-2　晋西生土建筑（来源：韩卫成 摄）

砖、石、木等巨大，整个建筑费用超过建房屋，但是晋西地区的人民仍要筑窑，在当地人的观念里，房屋只能是陪衬，凡是有窑有房的院落，窑一定是为上、为正，而房只可以为下、为配（图4-4-1~图4-4-3）。

（一）生土材料

　　所谓生土建筑主要是指利用生土或未经烧制的土坯为原料，以及应用夯土技术建造的建筑物。在晋西，"挖掘黄土，穿土为窑"是十分普遍的现象。历史上，晋西很少有供建筑使用的木材，这是自然资源条件所决定的，但这不是生土建筑产生和发展的充分理由。《隰州志》云"平地亦多垒

图4-4-3 晋西拱券窑洞（来源：韩卫成 摄）

砖为窑，山木难购，且窑中夏凉冬暖也"。可见生土建筑之所以能在晋西长期存在和发展恐怕是与"夏凉冬暖"分不开的。我们知道生土最大的优点是导热系数小，热惰性好，对保温隔热非常有利。但生土最大的缺点是怕水，而晋西也正好具有降水量少的特点，很显然这种气候条件对于生土建筑来说是非常有利的。此外，从黄土的分布情况来看，晋西广泛分布"离石黄土"，而"离石黄土"层位又常常分布在半山腰或山脚下，这便导致了大量靠崖型横穴居窑洞的产生。在晋西的临县、石楼、离石一带，生土窑洞甚至能盖到三、四层，这在其他地区是难以想象的。

（二）砖石材料

除了生土窑洞以外，以砖石材料构筑的锢窑也是晋西地区广泛分布的一种建筑形态。在形式上，它明显地借鉴了生土窑洞，可分为尖拱、抛物线拱和半圆拱三种类型；在结构上，它也与生土窑洞颇为相似，形成了由拱券肩剪力来控制的独特结构体系。与西方的罗马、哥特建筑的拱券结构相比，晋西窑洞的结构形式则大相径庭，这主要是由于地理条件制约了建筑材料的选择，进而也导致了结构形式的差异。前者是以生土和土坯为基础发展起来的拱券结构体系，使用的材料强度低，整体性差，所以产生了连续承重墙和厚重的拱顶并在此基础上演化出十字拱，半拱等独特的拱券形式；

而后者则是以混凝土、石头为基础发展起来的拱券结构体系，无论在强度、整体性方面还是在可塑性方面，都远远优于土坯和砖。从以上的对比中，我们可以清楚地看到，地方材料的不同最终导致了构造形态上的差异。

（三）木材

在晋西民居中，木材常用于门窗、挑檐、柱廊等部位，虽然也有一些单独建造的木构瓦房，但在用材的制度上，却并非严格遵守"法式"或"则例"中所规定的型制和标准，常常是比正规的木构建筑略小一分。若是柱子，则给人以细高的感觉，若是椽子，则也是参差不齐，规格不一。显然，这无不都是由于当地木材匮乏而造成的结果。但如果从另外一个角度上来看，也正是由于这个原因，才使得晋西民居少了太多的限制，更具风土特色。

二、传统建筑构造

（一）挑檐构造

晋西地处多山地区，交通不便严重地阻碍了人们的广泛交往，不仅县与县之间，甚至一座山或一条河流的两边，人们的语言、生活习俗就会有很大的不同。体现在晋西民居中，纵然都是窑洞建筑，但也还是略有差异。有的窑顶压楼，上下两层都插有锁头以盖厦檐。厦檐前方以明柱支撑，下安石鼓型柱础。窑门前筑五尺宽三或五级台阶，俗称"明柱厦檐高坑台"。有的民居分前后两院，中间有仪门，左右有侧门。平时仪门紧闭，从侧门出入，遇有红白喜庆大事或迎接贵宾，则打开仪门。在建筑的细部构造中，这种差异表现得尤为鲜明。挑檐为例，便有如下几种类型：

- 叠砖、砌石挑檐，又称檐牙。分布于煤炭资源丰富，烧砖容易的山川谷地，如汾西、柳林、离石等地。
- 石板挑檐。分布于沿黄河、湫水河一线盛产板石的地区，如临县、石楼、方山等地。
- 雨篷式挑檐。这种挑檐伸出较多，常有柱子支撑，分布地区广泛，但主要是以家境殷实的有钱人家为主，在较为考究的宅院中常被用作回廊或厦窑。

- 木结构挑檐。这种挑檐以木制的梁承重，出檐较浅，与雨篷式挑檐有所不同的是大多数使用斜撑承重（图4-4-4～图4-4-11）。

（二）屋顶空间构造

屋顶的空间意义原本在于它的遮蔽功能，但就晋西民居而言，屋顶却是最为重要的空间场所。一般的生土窑洞，屋顶厚达数米，"洞顶为田，洞中为室"，不仅扩展了耕地面积，而且保持了土壤中的水分，使居于窑洞中的人们倍感清凉爽快之意。若是砖石砌筑的锢窑，则把屋面全都硬化，筑以高高的女儿墙、风水壁或吉星楼，既满足了居住的要求，又形成了"无顶的建筑"，具有晾晒积谷、聚会交往、乘风纳凉等多种使用功能。特别是对于那些窑上建房的居住建筑来讲，则往往以高低错落的台阶把处于不同标高的屋顶连结为一个四通八达的有机整体，从而在竖向上形成了立体交叉的空间格局，不仅丰富了建筑的群体景观，而且也使得有限的空间物尽其用。此外，屋顶空间的充分利用既增加了人们户外活动的场所和机会，也缓解了山区用地紧张的矛盾（图4-4-12～图4-4-14）。

图4-4-4　木柱廊厦1（来源：韩卫成 摄）

图4-4-5　木柱廊厦2（来源：韩卫成 摄）

图4-4-6　叠砖挑檐（来源：韩卫成 摄）

图4-4-7 石板挑檐（来源：韩卫成 摄）

图4-4-8 雨棚式挑檐1（来源：韩卫成 摄）

三、生活化的装饰特征

晋西传统建筑的内在秩序和场所意义体现在"风土"两个字上。风土是有地域性的，就晋西的"风土意象"而言，一是体现在黄河的豪放；二是体现在黄土的粗犷。其环境景观呈现出一种界限分明，肯定而又强烈的美。它与青山秀水，烟雨蒙蒙的南方景色形成了鲜明的对照。晋西民居便是与其"风土意象"协调一致的有机建筑，因为它们的确是从一种特定的环境中生长出来的。首先，它必须用黄土地的一部分作为建筑材料，不论是从质感上还是从色彩上都必须与环境十分协调。其次，由于采取了内向封闭的空间形态，也

图4-4-9 雨棚式挑檐2（来源：韩卫成 摄）

图4-4-12　临县西湾村民居屋顶形式1（来源：韩卫成 摄）

图4-4-10　木结构挑檐1（来源：韩卫成 摄）

图4-4-11　木结构挑檐2（来源：韩卫成 摄）

图4-4-13　临县西湾村民居屋顶形式2（来源：韩卫成 摄）

图4-4-14　临县碛口镇民居屋顶形式（来源：韩卫成 摄）

使建筑呈现出粗犷、浑厚、古朴的特点，与自然环境景观有机地融为一体。即使是那些细致精微的宅门、女儿墙，也不失敦厚、古朴之感。

（一）镂空的墙与皮影、剪纸

晋西民居纵然以古朴粗犷，乡土味浓著称，但其立面的造型还是粗中有细，土中含秀的，很重视重点部位的处理和装修。一般而言，门、窗洞口或女儿墙多镂空，靠着大大小小，凸凸凹凹的雕镂图案，产生丰富的光影变化，造成了独具特色的剪边效果。这种极富表现力的装饰风格，是与晋西特有的传统地域文化分不开的。在晋西，皮影和剪纸是人们喜闻乐见的民间艺术，它们的表现方法一律采用平视构图，图案花纹有阴刻阳刻之分，刀法讲究，刻工细腻，形成了高度完美的二度空间艺术。就其造型特点而言，其表现方

法与建筑物上镂空的墙面颇为相似，具有异曲同工之妙。只不过，建筑是以砖墙为材料，而皮影和剪纸则是以牛皮或彩纸为材料而已。这种在二度空间上的艺术创造不仅体现了当地人们的审美观念，而且也造成了浓郁的乡土气息和地方特色，成为晋西风土建筑不可缺少的一个组成部分（图4-4-15、图4-4-16）。

（二）洞口曲线与花格门窗

窑洞建筑外观浑厚，"土"味十足，在均匀的砖、石墙面上，以大进大退的体块形成强烈的虚实对比，界限分明，粗犷豪放。并以柔和的拱形曲线和细密的花格门窗与刚劲挺拔的墙面形成鲜明的对照，给人以刚柔相济，互映成趣的视觉感受，从而形成了晋西民居最为重要的造型语言。同时，由于门窗棂格变化自由，不拘一格，充分利用了棂条之间相互榫接拼连的可能性，以及木材便于雕刻和连接的长处。所以，虽然构件的种类不多，却可构成肃穆淡雅、绚丽、活泼等不同的风格。这些门窗花格非常细密，能够有效遮挡任何高度和方位的光线，当日光照到一定角度时，受光面所表现的亮度层次较多，背光面的阴影也薄厚不一，特别是从室内看去，具有当地乡土特色的精美窗饰给空间增加了无穷的趣味，使室内空间既温暖又没有压抑感，可以说它是自然、文化与建筑的完美结合（图4-4-17、图4-4-18）。

（三）图案与色彩

说到晋西民居的图案和色彩装饰，人们马上就会想起穿着大红棉袄和鲜绿裤子的农村媳妇。这虽然是一种着装习俗，但也反映出当地人们的审美心态。事实上，这也与晋西地区特定的自然环境分不开。晋西不同于四季如春的南方，除了几处罕见的绿洲外，几乎全然是一片黄土高原。处于这样的自然环境中，无论是居住建筑还是公共建筑，乃至烘托它们环境背景的大地山川，几乎全部笼罩在褐黄色的基调之中。在这种情况下，人们对色彩的渴望，对动植物的偏爱是合乎情理的，反映着人们返璞归真、崇尚自然的情感与心态。就晋西民居而言，由于受到当地固有建筑材料的限制，

图4-4-15　晋西民居粗犷豪放的外观形象（来源：韩卫成 摄）

图4-4-17　晋西民居洞口曲线（来源：韩卫成 摄）

图4-4-16　晋西民居具有剪影效果的砖墙（来源：韩卫成 摄）

图4-4-18　晋西民居花格门窗（来源：韩卫成 摄）

图4-4-19　窑房结合（来源：韩卫成 摄）

在外观上，几乎是与大自然完全融为一体，而且门窗也以黄色为主。但如果从室内的装饰来看，则不仅有色彩艳丽的炕围画，而且也有鲜红的剪纸贴饰，给人以置身童话世界的质朴、求真、浪漫、纯情之感。同时，如果从砖、木雕饰的图案来看，也是以动、植物和人物故事为主，主题突出，造型夸张，色彩艳丽，线条简练，具有鲜明的地方特色（图4-4-19）。

第五节　适应自然、朴素有序的晋西传统建筑

晋西建筑的空间形态体现着空间的闭合程度、延度与广度，以及空间的组织方式、秩序与层次等等。建筑空间与特定地区的气候条件以及当地人们信仰、习俗是分不开的。

一、与地理环境相适应

晋西自然气候的特点之一就是温度的季节性差异较大，既有炎热的盛夏三伏，也有冰封的数九寒天。在这种既炎热又寒冷的自然气候条件下，居室只有具备既能降温又能升温的技术手段，才能适应气温大幅度的变化。由于窑洞墙壁浑厚，传导缓慢，可减少采暖或降温措施，因而在生产力不发达的情况下，它的确是对当地气候条件具有较强的适应性。据测算，窑洞在没有采暖措施的情况下，温度可保持在10℃～22℃之间，相对湿度为30%～75%，说明窑洞的隔热保温性能是非常显著的。因此，窑洞成了晋西地区主要的建筑类型。

二、对空间环境进行创新的营造技艺

在晋西，纯粹的木构房屋并不多见，以窑房居多。砖石锢窑在土窑的基础上，对传统的营造技艺进行创新，先砌出房间的侧墙，上部以拱券的形式结顶，再将后部用砖石封堵，前面建造门窗、披檐、雨水口等，造型别致，风格独特。锢窑无需再靠山依崖，便能自身独立，四面临空，所以能在任何一种地形条件下随意建造。又因为在石拱或砖拱顶部仍需掩土夯筑，故而仍不失窑洞冬暖夏凉的优点。

三、追求理想环境的生活理念

晋西地处动荡不安的地带，在这种情况下，房屋的外墙或围墙是求得安全的必不可少的手段。门窗并不是可以在周边的外墙上随意开启的，因而担任采光通风的任务，不得不由院落来承担。

院落的物质功能首先是满足了各房间通风采光的需要。从生态意义上来说，居住生活必需的阳光、空气、绿化和水等要素在院落中都有考虑，使得居住建筑对于所在地区的气候条件具有很强的自我调节能力。院落坐地朝天，敞口于上，承接阳光雨露、日月光华、通风纳气、抗污排秽，既给住宅带来新鲜的空气，又使地面的污物得以荡涤，从而使居住环境不断得以新陈代谢，形成良好的循环系统。不少院落自掘水井，设置明沟或暗沟等排水设施，巧妙地解决了院落的给排水。人们在院中休息或劳作，形成了一派生机盎然的自然图景。

第五章　晋中传统建筑

晋中地区是山西的区域中心，具有鲜明的文化特征，在发展演化中逐渐形成独特的人居环境。一方面，晋中地区是汾河中下游覆盖区域，地势平坦、利于耕种，是人口密集之地；另一方面，沿河两岸向来多商道驿路，是文化交流融会之所。晋中传统建筑承载着自新石器时代以来的文明演进和文化发展，是山西中部地域文化和人居智慧的集中呈现。

第一节　晋地中枢多元融汇

一、地理环境

晋中地区，顾名思义，位于山西省的中部，东边与太岳山系和太行山系相邻，西边与吕梁山系相依。该地区以太原盆地为核心，东与阳泉市相邻，东南包括晋中市的大部，西至吕梁山脉东麓，南至灵石和霍州之间的峡谷。

山西被誉为"表里山河"，晋中地区亦是如此。晋中地区内有山脉吕梁山、太岳山、太行山，水系有汾河、潇河、湫水河等。其中，汾河是黄河第二大支流，亦是山西境内最长、流域面积最大的河流，发源于忻州宁武管涔山，从太原西北侧进入太原盆地，途径清徐、祁县、平遥、介休等地，最终在河津市汇入黄河。晋中地区东侧的潇河、桃河为东南走向，西侧有湫水河、东川河、文峪河等，均发源于吕梁山脉中段，分别向西汇入黄河、向东汇入汾河（图5-1-1、图5-1-2）。

晋中地区大部分属于暖温带夏绿林带，仅西侧部分区域属草原带，主要林木类型有云杉、落叶松、栎树等。现有林地大部分为1950年代以来恢复种植而成，总体面积较小、幼林较多。太行山脉的森林覆盖率在隋唐时期曾高达50%，之后不断下降，明朝初年为30%，至清末已经骤降至10%以下。林木资源的减少导致水土流失、土地沙化，并使水系当中的含沙量增加，引起河道变化。

正是由于明清以来林木资源锐减，导致聚落建筑材料的变化尤为明显。建筑材料转向砖石，大木作被小木作所代替，最终导致聚落形态特征发生变化。通过对现存传统聚落的墙体、柱、梁架等结构体系的归纳整理，可以发现时间较早的建筑其木构件所占比例较高、构件尺寸亦较大，后期建筑多为砖构，木材的使用愈来愈少。木构建筑转为石构、砖构建筑，部分地区直接利用夯土进行建造。早期建筑的构架

体系可以采用较大尺寸的木构件进行建造，明清以后，木构件尺寸不断减小。

二、历史文化

晋中历史文化源远流长，从史前时期到历史时期，丰富的考古遗存和历史文献佐证了该地区的发展演化。晋中地区目前已知的遗址有多处，包括旧石器时代的古交遗址，[①]以及新石器时代的白燕遗址、梁村遗址、东太堡遗址、山城峁遗址、瓦窑遗址。[②]其中，古交遗址和梁村遗址于2013年被公布为全国重点文物保护单位。古交遗址主要分布于汾河南侧的台地上，范围东西长约5公里、南北宽约1公里，与晋南的丁村遗址共同成为汾河流域两大旧石器时代遗址群。[③]经过考古发掘，古交遗址的遗存可以上溯至旧石器时代早期，距今约250万年（图5-1-3）。

进入到历史时期，山西地区成为两大文化类型交融之地，北部以畜牧业为主，南部是传统农业区，晋中恰好位于中间的缓冲区域，是晋地的地理中心，亦是政治、经济和文化中心。所谓"中心"并不是一朝一夕完成的，而是在漫长的历史维度中逐渐形成的。从山西地区的历史沿革来看，其表现出两方面的特点，一是受不同的文化圈影响，中北部受到北方少数民族影响，中南部为华夏文明的发源地之一，受中原传统文化的影响；二是地理环境对社会文化具有强烈作用，该区域东西有太行山、吕梁山，形成相对封闭的空间格局，文化传承自成体系，中部串珠式盆地，形成不同规模的聚落文明。时至今日，依然可以感受到鲜明的聚落地区性，不同县、镇、乡、村的聚落风貌、礼仪风俗、言语文化等表现出不同的特征。

从地理学角度而言，传统聚落分布区域集中于今山西省境内汾河流域、沁河流域，包括河谷、盆地、平原等地理环

---

① 位于太原市古交市古交镇后梁村。
② 分别位于晋中市太谷县白燕村，晋中市祁县果村，太原市郝庄乡东太堡村，太原市娄烦县旧娄烦村。
③ 任红敏. 山西古交旧石器时代遗址：最大尖状器发现地. 太原日报，2013年12月31日。

图5-1-1　晋中山地风光（来源：引自《山西风景名胜》）

图5-1-3　古交遗址（来源：网络）

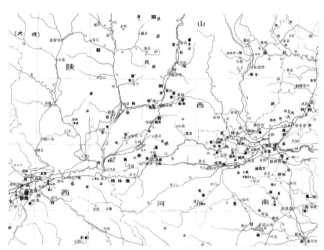

图5-1-4　西周晋地及周边区域（来源：《中国历史地图集》）

图5-1-2　汾河娄烦段（来源：网络）

境。山西地区的历史起源可以上溯至西周时期（约公元前11世纪~公元前771年），唐叔虞受封于晋，位于今山西南部、山西与河南的交界区域（图5-1-4）。

晋中虽然以"中"为称谓，实则经历了从"边界"向"中心"过渡的漫长历史时期。晋为古唐国之地，西周唐叔虞即位，改唐为晋。一直以来，晋国是周王朝抵御北部戎狄部落的重要屏障，在山西的绛县、夏县、中条山和吕梁山一带，陕西的黄河沿线，河北的正定县等地广泛分布。春秋时期，山西境内的诸侯国有晋国、魏国、虞国、霍国等，包括今日的太原、吕梁东南部、临汾、运城等地。晋国和赤狄、群狄等部族经过激战，取得了对现今山西中部、东南部

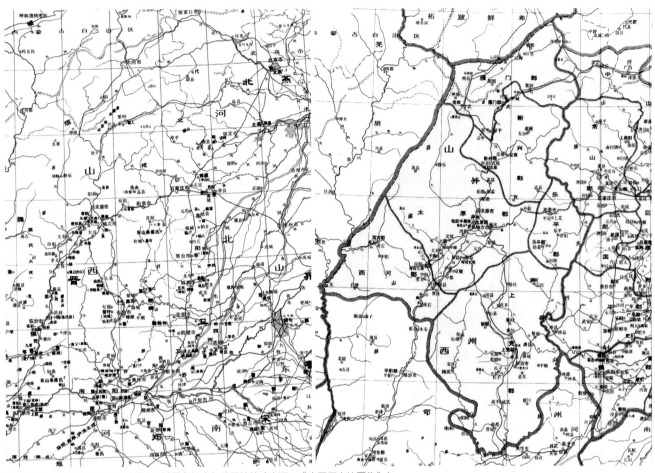

图5-1-5　春秋时期晋国及其周边区域图东汉末年魏国辖地（来源：《中国历史地图集》）

等地区的控制权。战国时期晋中地区属赵国。秦统一中国之后设立太原郡、上党郡、河东郡、雁门郡、代郡，覆盖至今日忻州北部区域。汉代游牧部族向南迁移，在山西中部和北部区域定居生活，形成多民族杂居的态势，包括羯族、鲜卑族等，活跃于武乡、代县、大同等地。三国时期，魏国设并州，辖太原郡、上党郡、西河郡、雁门郡、新兴郡、乐平郡。区域范围南至高都、阳阿（即今日的晋城、阳城一带），东至上艾、乐平（即今日阳泉、昔阳一带），西至离石，北至剧阳、汪陶（即今日应县一带）（图5-1-5）。

从西周时期到春秋末年，现今的晋中地区和中原地区逐渐融合，开始了不断发展和成熟的时期。此后，晋中地区的历史沿革和文化形成历经北魏、隋唐、辽宋金元等，北方少数民族和中原王朝频繁交流冲突，多元文化进一步交融，晋中地区的文化愈加成熟。1999年7月，山西太原出土了隋代的虞弘墓，[①] 墓主人虞弘曾奉茹茹[②] 国王之命，出使波斯、吐谷浑、安息、月支等地，后出使北齐，随后便在北齐、北周和隋作官。棺椁上刻有带中亚诸国风格的雕刻图案，甚至还有"祆（xian）教"[③] 色彩的画面，体现了当时与中亚古国的

① 虞弘墓位于太原市晋源区王郭村，是隋代官员夫妇合葬墓。该墓为砖砌单室墓，墓顶已毁，现存墓道、甬道、墓门、墓室，总长度为13.65米。墓室平面呈弧边方形，东西长3.66～3.9米，南北宽3.55～3.8米，残高1.73米。
② 也称"柔然"，古代游牧民族，公元4世纪末至6世纪中叶，活动于中国大漠南北和西北广大地区。
③ 指琐罗亚斯德教（Zoroastrianism），为古波斯国的国教，公元6世纪初传入北魏，公元九世纪中期和佛教一同遭到排斥，之后逐渐式微。

文化交流（图5-1-6）。

商业的发展亦对建筑文化的演化具有重要影响，特别是明清以来的晋商多返乡建造规模宏大、装饰精美的宅邸大院，成为研究晋中传统建筑文化的重要样本。早在春秋的晋国，商帮群体已经较为活跃。《礼记·月令》记载，"开放关市，招徕商贾，以有易无，各得所需，四方来集，远乡都到"。汉代的时候，晋中地区的冶铁业已经有充分发展，在太原郡的大陵①设有"铁官"。此外，晋阳设有"盐官"。农业与手工业的发展，促进了商业贸易的兴盛。据《后汉书·独行传》记载，山西太原商人王烈曾远行至辽东地区，经商作贾。②明清之后，晋商文化成为晋中传统文化的主要承担者。明代中期以来，晋商逐渐崛起，以地域关系、乡土纽带为特征，通过贩运铁、麦、棉、皮、木材、旱烟等特产，套换江南的丝、绸、茶、米，又转销西北、蒙、俄等地。直至清中叶，晋商由经营商业向金融业发展，清咸丰、同治时期山西票号几乎独占全国的汇兑业务，并将触角伸到东南亚、美洲、欧洲等地。其中，经营票号的多系平遥、祁县、太谷、介休商帮，形成了以晋中渠、乔、王、曹等家族为代表的票号金融资本集团（图5-1-7、图5-1-8）。

就文化类型而言，晋中传统文化是北方游牧文化和中原汉民族文化融合的产物，具有北方黄土高原的共性，并和华北地区的儒家思想文化圈互相影响。在唐、宋以前，山西具有北部边疆地区、民族杂处、战事频仍的特点，尚武显示为一大特色。宋、明以后，山西局势相对稳定，中华民族中心区的特点越来越明显。尤其是晋中所在的太原周边完全汉化为中原文化系列，体现强烈的中原文化特色。晋商文化则是明、清两代以来晋中传统文化中的特别代表，形成了以商业为纽带的一系列文化现象。而建筑文化则是晋中传统文化和晋商文化在物质空间层面的集中体现，将农耕灌溉、日常起居、宗教伦理、戏曲艺术、诗书耕读等方方面面串联在一起。

综上所述，晋中传统建筑的发展演化是多维因素综合作用的结果，体现了地域性历史脉络和文化特征。包括行政建制、军事防御、商业贸易、宗族繁衍等内容。传统建筑单元、建筑群组以及建筑和环境组成的有机整体，往往具有空间方面的共性，在某种程度上反映了相似的地区性特征，即晋中地区与周边其他区域所不同的社会文化特性。

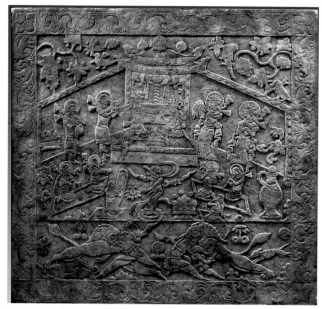

图5-1-6　虞弘石椁浮雕（摄影：厉春，来源：国家地理中文网暨华夏地理）

图5-1-7　清代晋商翘楚"日升昌"票号的"汇通天下"匾额（来源：薛林平 摄）

① 大陵在现今山西交城县附近。
② 杨茂林等著. 山西文明史. 北京：商务印书馆，2015：31.

图5-1-8　祁县乔家堡村"乔家大院"（来源：薛林平 摄）

第二节　城乡同构顺生而居

秦汉时期，山西的城市发展进入到繁盛时期，晋中地区的大陵、晋阳等均为当时著名的城市聚落。特别是晋阳，有所谓"西贾秦翟，北贾种代"，俨然已为全国性的商业城市。在太原的东南方向有"晋阳古城"，其作为汾河流域和晋中地区的重要聚落，在唐代前后最为鼎盛。晋阳是唐李渊起兵之地，是北方游牧文化和中院文化的交汇之所。在唐代，晋阳被立为北都。唐代政治家、史学家杜佑所撰《通典》记载，"北至太原、范阳，西至蜀川凉府，皆有店肆，以供商旅"。

从聚落规模、区位关系以及所处环境来看，晋中地区的城乡聚落可以分为城镇聚落和乡村聚落；根据其形成方式，可以分为规划型聚落和自由生长聚落。[①]

一、传统城镇聚落

晋中地区的城镇聚落往往是区域范围内的中心聚落，其选址多在地势平坦之处，具有较开阔的外部环境；聚落具有完整的城墙、城门，内有学宫、衙署、寺庙、集市，外围被农田耕地所包围。从组织结构和社会经济的角度来讲，此类聚落是区域社会生活发展的重要动力。

其中数量最多的要数规划型城镇聚落，其空间形态反映了内在的社会结构，二者是地域文化的共生载体。例如晋中市的平遥古城、祁县古城、太谷古城，吕梁市的孝义古城等。

平遥古城不仅是晋中地区，还是山西乃至全国现存最为完整的城镇聚落，其空间结构和形态特征反映了农耕文明时期伦理礼制、社会生活等要素对人居空间的影响，于1997年被联合国教科文组织评定为"世界文化遗产"。据《平遥县志》载，平遥古城墙始建于西周宣王时期（公元前827年～公元前782年），明洪武三年（1370年）为防御侵扰，以旧城垣为基础重筑扩建，改为砖石城墙。城墙高约12米，厚约5米。城墙设置有3000余个垛口，72座敌楼，与传统儒家文化中的孔子崇拜相契合。[②]古城内部以"市楼"为中心，分布有4条主街、8条小街，更有数十条支巷密布，构成了秩序严整、通达便利的聚落结构（图5-2-1～图5-2-3）。

平遥古城按照"因地制宜、用险制塞"的原则，其外部形态并不是绝对的几何形，南部城墙随中都河蜿蜒而筑，其余三面直列砌筑。城墙周边共设有6座城门，东西各有2座、南北各有1座。南门为"迎薰门"，意为迎纳东南方的和薰之风；北门为"拱极门"，取四方归向，众人共尊之意；上东门为"太和门"，取生机盎然、保合太和之意；上西门为"永定门"，寓意国泰民安、社会安定；下东门为"亲翰门"，意为"戎事乘翰"，以卫国保家为己任；下西门曰"凤仪门"，取"箫韶九成，凤凰来仪"之意。

无独有偶，介休古城也遵循了类似的营造理念。一方面，聚落依绵山之势、傍汾水之源，城墙走势和外部山水地形相契合，外城向东北凸出，新设水门，水系连接城内城外；另一方面，内部依照礼制秩序布局，内城有东西向和南北向两条主街，主街两旁布置有县衙、关帝庙、万寿宫、城隍庙等建筑（图5-2-4、图5-2-5）。

① 王金平，李会智，徐强. 山西古建筑（上册）. 北京：中国建筑工业出版社，2015：50-64.
② 孔子有3000弟子，其中有72位特别杰出，被称为"贤人"。

图5-2-1　平遥古城鸟瞰图（来源：网络）

图5-2-2　平遥古城南门"迎薰门"（来源：王鑫 摄）

图5-2-3　平遥城内南大街与市楼（来源：薛林平 摄）

　　此外，还有部分自由生长型的城镇聚落，例如灵石县的静升古镇。古镇在清代乾隆年间至嘉庆年间最为繁盛，有"一街九沟八堡十八巷"之美誉。静升镇包括16个行政村，共有人口2万余人。通常所说的古镇区域是指静升村所在地，由若干个堡寨式聚落单元组成，包括视履堡（即高家崖）、恒贞堡（即红门堡）、拱极堡、和义堡、凝固堡。此外，还有2座祠堂，一是王家宗祠，位于视履堡、恒贞堡南坡下临街处，另一座为孝义祠堂，位于王家宗祠东北角。

　　聚落依山就势，沿山地布局，形成自由式空间形态，体现了对自然环境的应对。聚落主要建筑位于山垣南坡，建筑顺坡而建，高低错落有致。建筑群南面正对南原山，宛如天然照壁。聚落选址合乎"负阴抱阳"，挡朔风、纳阳光，且

居高临下、视野开阔，远眺层峦叠翠，建成环境与自然环境共生相容（图5-2-6～图5-2-8）。

二、传统乡村聚落

　　晋中传统村落的形成和演化与军事防御、商业贸易、宗族宅邸的建造等要素相关。村落大多表现出较强的防御性特征，与自然地理环境形成密切的融合关系。村落或位于河谷地带，在上下水口建有水关；或位于悬崖旁侧，在地势缓和一侧建有堡墙；或是位于平缓地带，通过多个组群形成共同防御关系。在选址方面，优先选择背山面水的地段，通过高大山体遮挡来自西北方向的干冷气流，利用河滩溪流作为生

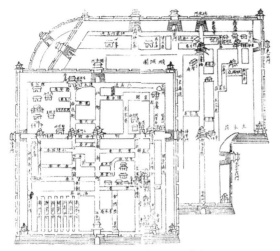

图5-2-4 介休古城平面图（来源：《介休县志》）

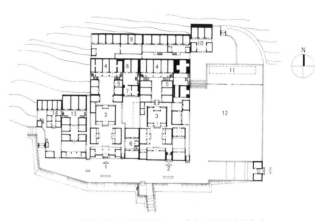

图5-2-7 灵石县静升镇高家崖（来源：《中国民居建筑》）

图5-2-5 介休古城祆神庙（来源：薛林平 摄）

图5-2-8 灵石县静升镇王家大院（来源：薛林平 摄）

图5-2-6 灵石县静升镇全貌（来源：网络）

活用水。基于选址的自然地理特征，可大致分为三类，即平川村落、山地村落与滨水村落。

平川村落主要沿汾河两岸分布。该地区地势平坦、土壤肥沃，便于人工营造和耕地灌溉，因而形成了众多形态完整、规模较大、人口稠密的传统村落。平川村落多具有清晰的轴线和空间对位关系，具有较完整的外部边界，往往通过堡墙、堡门等分隔内外（图5-2-9、图5-2-10）。

图5-2-9 孝义市宋家庄村整体格局图（来源：李冰深 改绘）

山地村落多分布于晋中地区的东西两侧，即太原盆地和太行山系、吕梁山系交界的区域。农耕社会中，自然山川是村落形态最重要的影响因子之一，村落往往将崖、坎、沟、壑等作为建成环境的有机组成，旨在尽量减少人工干预，以形成村落整体营造。村落本体往往位于地势较低的谷地，若有河谷则沿水道展开布局，耕地位于村落外围地势较高处。山地村落对于建成环境、耕地、山体的关系有着积极应对，沿台地等高线展开布局，村落街巷和建筑朝向不再囿于既定的模式，因借地形、形成变化丰富的空间格局（图5-2-11～图5-2-13）。

滨水村落体现了水资源的重要性，是农耕社会中灌溉水利导向的产物。汾河及其支流哺育了众多村落，在榆次、平遥、灵石等地，沿河而建的村落有相立村、梁家滩村、赵壁村、冷泉村、夏门村等。这些村落均建造于离水道较远的高处，一方面利用既有的沟壑崖壁形成天然的防御屏障，另一方面可以将水道两岸平整的空地开垦为耕地，为村落提供基本的生活资料。山西"地狭民稠"，对土地的有效利用则成为村落选址营造所必须面对的问题（图5-2-14、图5-2-15）。

图5-2-10 介休市张壁村南堡门外鸟瞰图（来源：李加丽 摄）

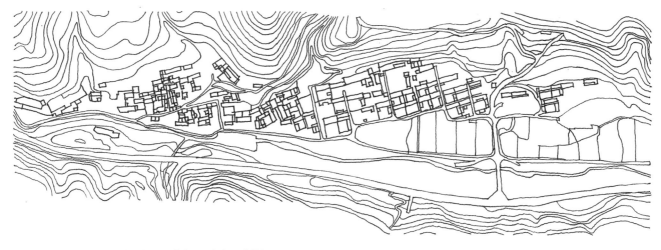

图5-2-11　晋源区店头村整体格局图（来源：李冰深 改绘）

图5-2-12　晋源区店头村东南向鸟瞰图（来源：王鑫 摄）

图5-2-13　灵石县董家岭村（来源：王鑫 摄）

图5-2-14　灵石八景之"冷泉烟雨"（来源：《灵石县志》）

图5-2-15　汾水畔的灵石县夏门村（来源：王鑫 摄）

　　综上，晋中传统城乡聚落是"乡村文化"和"城市文明"的共同载体，府治、州治、县治、堡寨以及众多乡村聚落，在河道两旁列次布局，呈现出形态结构的一致性和演化的适应性。在晋中范围内，最为久远的史前文化，和晚近的商业文化相融合。从仰韶文化到龙山文化时期各类聚落遗产，反映了早期人类适应环境、改造自然的能力；而在明清之后，晋商的兴起最终体现在一座座商帮宅院。通过伦理秩序关系的物质空间转译，将数百年的筚路蓝缕转化为乡土间的砖石窑屋。二者，恰恰就是区域内文化特征的形成与适应的过程。

第三节　差序格局严谨成势

　　晋中地区传统建筑类型丰富，根据建筑使用功能，包括民居建筑、书院建筑、衙署建筑、宫观建筑、寺庙建筑等类型。这些传统建筑的形态，有庑殿式、歇山式、悬山式、单檐、重檐、楼阁、桥梁、古塔等。有些建筑的原有总体布局（大同善化寺、晋祠中轴线、晋城青莲寺、平顺龙门寺等）保存得还比较完整，这对于认识我国建筑业在宋金时期的发展状况和艺术成就，也都是极可宝贵的实物例证。[1]

　　晋中传统建筑的特征在组织方式、空间形态等方面呈现出地域性，并在漫长的历史时期发展演化，融合了多元文化要素。晋中传统建筑可谓是"中正雅趣、亦庄亦谐"。[2]

一、组织方式

　　晋中传统建筑沿袭了中国传统建筑的基本构成原则，即单栋建筑仅区分等级，并没有功能的限制。往往通过多栋

---

① 柴泽俊. 山西古建筑文化综论. 北京：文物出版社，2013：120.

② "亦庄亦谐"语出自清代史学家章学诚所著《文史通义·假年》，"此篇盖有为而发，是亦为夸多斗靡者，下一针砭。故其辞亦庄亦谐，令人自发深省"。

建筑的有机组合，形成建筑群体。故而建筑之间的组织方式显得尤为重要。有效地组织能够充分利用地段环境，通过因借，使得建筑与环境成为有机整体。

建筑的空间组织包括建成环境和自然环境的融合，使用空间和服务空间的连接，行为活动和空间的互动等内容。其原则在公共建筑和居住建筑中均有所体现，特别是在传统晋中社会中，空间场所更多作为集体行为的载体，是等级秩序、礼仪伦理、差序格局的空间再现。

位于太原的晋祠（第一批全国重点文物保护单位）便是建筑空间组织的典型样本。该建筑群位于太原西南悬瓮山下，原来侍奉春秋时晋侯的始祖叔虞，故称晋祠。晋祠占地约10公顷，由中、北、南三部分组成，中部为核心区域，建筑壮丽肃穆；北部以崇楼高阁取胜；南部亭榭环绕，呈园林式布局。

晋祠将山门、庙宇、殿堂、高塔、泉水、古树等要素进行有机组织，通过多条轴线连接，并采用了古典园林中借景和对景的造园方式，形成了可观、可行、可游、可居的空间。从山门进入，沿轴线正对的第一座建筑是水镜台，是为神唱戏的场所。绕过水镜台是会仙桥，此处为分界点，将开阔的外部空间和幽静的内部区域相分隔。此后，依次经过"对越"牌坊、钟楼、鼓楼、金人台，便可进入献殿。再穿过鱼沼飞梁，最终到达圣母殿。此条路径一气呵成，节奏分明，既有功能性建筑，也有通过性空间，可谓是起承转合、变化丰富。

传统建筑绝非单调的物理空间，晋祠保存有古树95株，千年以上的国家级珍惜古树30余株。晋祠现存2株周柏，一株为"齐年柏"，另一株为"长龄柏"。此外，水镜台前的唐槐、鱼沼飞梁边的巨杨、王琼祠畔的银杏，以及遍布祠内的苍松翠柏，与建筑相辅相成（图5-3-1～图5-3-3）。

再如位于交城县的卦山天宁寺（第六批全国重点文物保护单位），依山建造，建筑空间组织和山形水势相互依存。卦山，顾名思义，山形如卦象而得名。天宁寺位于群峰环抱中，山体断续开合，被誉为"卦岳爻峰"。在空间组织和景观序列的营造上，自北向南有明晰的空间轴线，依次包括天宁寺、石佛堂、书院、朱公祠、圣母庙、文昌宫等建筑，在轴线两旁，还有环翠亭、戏台、华严塔、墓塔等附属建筑。

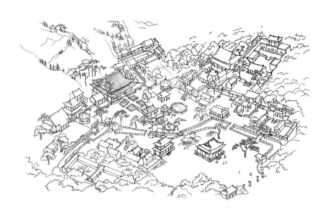

图5-3-1　晋源区晋祠全景（来源：《中国古代建筑史》）

图5-3-2　晋源区晋祠圣母殿（来源：薛林平 摄）

图5-3-3　晋源区晋祠平面图（来源：《中国古代建筑史》）

建筑群隐匿于山形地貌之中，在重要的转折节点处设置山门、牌坊等，兼具三方面的功能，一是提示空间的转化，二是强化纪念性和仪式感，三是提供最佳的赏景远观之所（图5-3-4~图5-3-6）。

综上，晋中传统建筑在空间组织方面综合运用了轴线和节点，并结合自然地貌，将建筑空间和环境融合，形成了错落有致、节奏丰富的空间序列。

二、空间形态

晋中传统建筑是由传统道德理念所引导形成的文化载体，无论是民居建筑，还是寺庙官署，都以尊者为贵、长者为先，主从有序、隶属旁偏为准则。[①]例如在佛教寺院中，供奉释迦佛、弥陀佛、毗卢佛的殿堂位于中轴线上，在中部或者中部偏后的位置，建筑体量较大；菩萨殿、罗汉堂、天王殿等建筑则位于两侧，体量往往较主殿偏小。其他的附属功能的建筑，如禅院、客堂、经所、宾室等，则不会设置于轴线上，体量最小。

传统建筑的形态特征可以从两个方面进行阐释，一是建筑单体各个部分的尺度和造型，诸如台基的高低、月台的面阔、屋宇的进深、屋顶的陡缓等；二是各个单体在建筑群中的相对关系，例如开间进深尺寸、屋顶高度、建筑体量大小等。虽然传统建筑的功能各不相同，宫观、寺庙、衙署、祠堂、书院等规模形制各有特点，但在形态特征方面却表现出某些共性。

首先，建筑形态"中正"整饬、秩序严谨。等级较高的建筑单体置于群体中部，其体量大、形体高、识别性强。平面近似于方形，屋顶形制最高——特别是在宫观寺庙等建筑群中，中心处的大殿多采用"九脊之制"的歇山屋顶，例如太原的纯阳宫、汾阳的太符观、平遥的镇国寺、太谷的净信寺等，均是如此。镇国寺属全国重点文物保护单位，位于平遥县城北郝洞村，在平遥古城东北方向15公里。大殿始建于五代时期的北汉天会七年（公元963年），建筑群自南向北依次有天王殿、万佛殿、三佛殿，两侧有钟楼、鼓楼、观音殿、地藏殿等。其中，万佛殿为主殿，居于正中，殿堂平面近方形，面阔三间、进深六椽，屋顶为单檐歇山式，出檐深远。与之相较，入口处的天王殿和轴线尽端的三佛殿分别采用悬山和硬山屋顶，进深也比万佛殿小。而且，天王殿和院墙相连，三佛殿两侧与经堂融为一体，建筑形象不如万佛殿那般独立突出（图5-3-7~图5-3-9）。

其次，建筑形态与功能息息相关，体现空间的开放性与私密性，在公共建筑中尤为明显。例如，汾阳市的太符观昊天玉皇上帝殿，南侧设有月台，形成"凸"字形平面；太原

图5-3-4 交城县卦山山形（来源：网络）

图5-3-5 交城县天宁寺大雄宝殿（来源：薛林平 摄）

---

① 柴泽俊. 山西古建筑文化综论. 北京：文物出版社，2013：119.

图5-3-6　交城县天宁寺卦山书院牌坊（来源：网络）

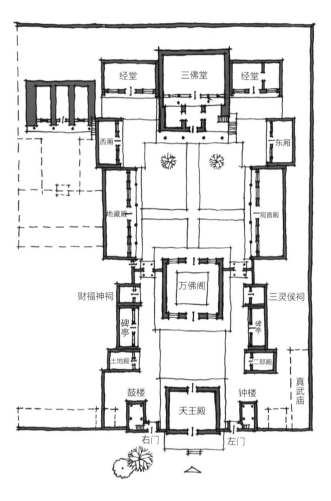

图5-3-7　平遥县镇国寺平面图（来源：《山西古建筑》，耿思雨 改绘）

崇善寺①的大悲殿，殿前月台将钟亭、鼓亭和大殿连为一体（图5-3-10～图5-3-12）。

　　此外，"副阶周匝"亦是常用手法之一，通过加大出檐、周遭立柱，同时在建筑外围营造出共享空间。在部分案例中，囿于形制僭越或用地面积等因素，只在建筑正立面布置檐廊，即"明柱厦檐"的做法，在民居建筑中较为常见。无论是"副阶周匝"还是"明柱厦檐"，客观上都使得建筑的立面造型元素更加多样，扩大建筑屋顶面积，有助于强化建筑形态。例如，太原窦大夫祠的正殿前修建有献亭，将檐廊空间进一步扩大，和月台整合如一。献亭采用歇山屋顶，正殿为悬山屋顶，二者前后交叠，建筑形态丰富、层次分明。再如榆次常氏宗祠正厅和清徐狐突庙献殿，由于檐廊前伸，屋顶的曲线更加优美自然（图5-3-13～图5-3-15）。

图5-3-8　平遥县镇国寺天王殿（来源：薛林平 摄）

---

①　崇善寺现存区域约为原有面积的四十分之一，所以其空间组织方式无法完全呈现。

图5-3-9　平遥县镇国寺万佛殿（来源：薛林平 摄）

图5-3-12　太原市崇善寺大悲殿（来源：薛林平 摄）

图5-3-10　汾阳市太符观昊天玉皇大帝殿（来源：薛林平 摄）

图5-3-13　太原市窦大夫祠献亭（来源：薛林平 摄）

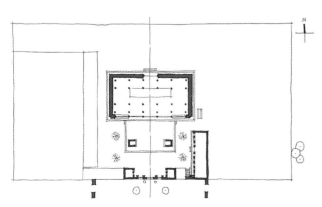

图5-3-11　太原市崇善寺平面图（来源：《山西古建筑》耿思雨 改绘）

图5-3-14　榆次区车辋村常氏宗祠正厅（来源：薛林平 摄）

图5-3-15 清徐县狐突庙献殿（来源：网络）

图5-3-16 榆次区城隍庙玄鉴楼（来源：薛林平 摄）

具体到建筑单体层面，则因时代发展而呈现出不同的形态特征。晋中地区的早期建筑遗构较多，建筑融合了南北铺作和梁架结构的优点，内部多用减柱造以扩大使用空间，构件粗犷、结构清晰、中气十足。明代以后，建筑形态愈加丰富繁杂，建筑的装饰性构件增多，整体气质愈加秀丽明朗。

以榆次城隍庙的玄鉴楼为例，为明代正德年间遗构。《抱朴子·行品》[1]有云"玄鉴幽微"，故而得此名。玄鉴楼通高17米，由主楼、乐楼、戏台、东西影壁组成。主楼面宽七间，进深五间，二层四重檐歇山顶建筑；乐楼面宽五间，进深三间，二层平座式歇山顶建筑。[2]斗栱达140余攒，包括三踩、五踩、七踩及平身、柱头、角科等，类型齐全、连接紧密（图5-3-16、图5-3-17）。

早期建筑如晋祠的圣母殿，始建于北宋天圣年间，曾于北宋崇宁元年重修。该建筑采用重檐歇山顶，高约19米，面阔七间、进深六间、出檐深远。大殿为"副阶周匝"样式，即在建筑主体周边加设回廊，是中国现存古建筑中最早的实例之一，大殿前廊柱上雕有8条蜿蜒木龙。内部不设柱子，

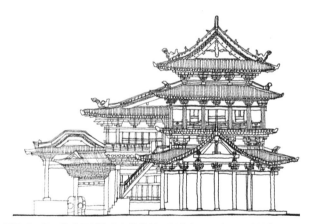

图5-3-17 榆次区城隍庙玄鉴楼剖面图（来源：耿思雨 改绘）

檐下柱头斗栱和补间斗栱相区分。圣母殿的梁架结构与古籍《营造法式》中的殿堂构架形式相契合，也是仅存的实物案例（图5-3-18、图5-3-19）。

综上，无论是城乡聚落的总体布局，还是建筑群落的营造，均优先从整体出发，考虑自然环境、历史文化和地段的相互关系，进行统一布局。具体到单体层面，则通过檐廊加强内外的空间交融。

---

① 东晋时期葛洪所著。
② 张藕莲. 榆次城隍庙玄鉴楼的修缮. 山西建筑，2003（11）：44-45.

图5-3-18 晋祠圣母殿（来源：薛林平 摄）

图5-3-19 晋祠圣母殿檐廊（来源：网络）

第四节 因料就饰形格一体

晋中地区作为政治、文化、经济的中心，在传统建筑营造方面，综合呈现了本地域以及南北区域的特征。以早期建筑为例，既有宋金时期铺作之制的区分，又体现了辽代结构的合理成分。[1]

早期建筑现存实例有，平遥县的镇国寺万佛殿、慈相寺大雄宝殿、金庄文庙大成殿，太谷县的安禅寺藏经殿、贞圣寺正

殿、北洸乡光化寺过殿，榆次区的永寿寺雨华宫，太原的晋祠圣母殿、献殿，榆社县的寿胜寺山门、崇圣寺大殿，文水县的武则天庙正殿，阳曲县的不二寺正殿，汾阳市的太符观昊天殿、虞城五岳庙五岳殿、法云寺正殿、峪道河龙王庙龙王殿，太原上兰村的窦大夫祠后殿及献殿，平遥郝洞村利应侯庙正殿，孝义贾家庄村的三皇庙三皇殿，孝义白璧关的净安寺大殿。

一、传统材料及建造方式

建筑材料及建造方式对于建筑空间属性和特征具有决定性作用。对于祠庙等大型公共建筑而言，大木作在不同历史时期有不同的做法，随之形成特别的空间感受。

以檐下空间为例，传统建筑可大致分为外檐空间和内檐空间。外檐空间作为建筑内外的过渡空间，由飞檐和檐柱共同构成。檐柱处在建筑内外交接部分，是主要的支重构件。在唐、五代时期，建筑多由铺作层支承屋架，斗栱形态硕大，其高度约占檐柱高的一半，檐柱显得粗壮。五代时期建造的镇国寺万佛殿，其檐下空间即是由低矮檐柱和柱头卷杀共同构成，营造出威压的气势。到了宋金时期，铺作层结构作用减小，其高度所占檐柱的比例约三分之一，所以尽管檐柱柱头依然卷杀，但柱身加长，建筑整体显得挺拔而矫健。例如金代所建的文庙大成殿，其外檐下空间没有太多压抑感[2]（图5-4-1、图5-4-2）。

二、装饰特征

晋中传统建筑的装饰普遍较为合宜，官式建筑和民居建筑中虽各有特点，但总体而言装饰和空间相适应，且多用于表达美好寄托和营造者之愿景。装饰多依托建筑构件而设，包括门窗、格扇、藻井、勾栏、楼梯、门楣、华罩等。先贤对于"装饰"的认识亦在不断发展，一方面是装饰元素多元丰富，另一方面技巧手法已经超越了平面化的"粉饰"，而

① 李会智，王金平，徐强. 山西古建筑（下册），2015：285.
② 焦洋. 平遥古建筑大木构件装饰研究[D]. 重庆大学硕士论文，2006：23.

图5-4-1　平遥县镇国寺万佛殿檐下木作（来源：《山西古建筑》）

图5-4-3　太原市窦大夫祠献亭的天花藻井（来源：薛林平 摄）

图5-4-2　平遥县文庙大成殿（来源：薛林平 摄）

图5-4-4　太原市晋祠钧天乐台的檐下透雕（来源：网络）

是和建筑空间共同作用。装折类型既有空间化的，如斗栱、铺作、藻井、彩塑、墀头，也有平面化的，如彩绘、壁画、匾额、楹联等。由于装饰部分较易损毁，现存案例中，以明清时期建筑居多，例如太原南郊的尧庙广运殿、太原窦大夫祠献亭的天花藻井，太原晋祠的水镜台的廊庑雀替和额枋华替，晋祠钧天乐台的檐下透雕，介休玄神楼的平座勾栏和檐下悬柱等（图5-4-3、图5-4-4）。

　　就现存传统建筑案例而言，寺观祠庙中的装饰更多，而且以彩塑、壁画、藻井等所著称，体现了兴建之时的社会发达和宗教繁荣程度。彩塑即彩色泥质塑像，一般用木材搭接成骨架，再缚以谷草，并用黏土塑像，最后敷彩贴金。山西全境，自唐以来的彩塑现存约一万二千余尊。壁画也是传统建筑中的重要组成，山西现存寺观壁画约有两万多平方米，其中保存较

好的约七千平方米。镇国寺万佛殿内的彩塑，是全国寺观庙堂中保存至今的唯一五代作品，是研究我国雕塑发展史、分析唐宋彩塑的珍贵资料。在明代彩塑中，太原崇善寺洪武间"三大士"像，高大魁梧，神态端庄，尚承金元丰润风格。平遥县桥头村的双林寺，重修于北齐武平二年（公元571年）。寺中的彩塑和壁画，都是稀世珍宝。尤其是寺中两千多尊彩绘泥塑，均在明嘉靖间塑造完成，包括佛、菩萨、罗汉、天王、金刚、阎君、护法、供养人等，分布于十座殿堂之中，它们继承了唐宋以来彩塑的优良传统，具有高度写实的风格，是明塑中的佼佼者（图5-4-5～图5-4-7）。

　　与之相比，晋中传统民居建筑的装饰则较为克制。装饰细部依托建筑构件，包括围合院落的照壁、影壁、仪门，建筑屋顶的脊兽、瓦当、滴水，构架部分的挂落、雀替、斗

图5-4-5 平遥县双林寺彩塑（来源：薛林平 摄）

图5-4-6　太原市崇善寺大悲殿内的三大士（来源：网络）

图5-4-8　平遥县永城村窗扇木雕（来源：薛林平 摄）

图5-4-7　平遥县慈相寺麓台塔千佛壁画（来源：网络）

图5-4-9　平遥县梁村窗扇木雕（来源：薛林平 摄）

栱，墙体部分的墀头，此外还有抱鼓石、栏板、铺首、窗扇、铁、楹联等。装饰的手法或者雕刻祥瑞图案和吉祥纹饰，或者饰以彩绘。无论是何种手法，其题材广泛、意蕴丰富，包括植物纹样、器物图案、动物形态、文字符号等多种内容，既能传达院落主人的美好愿望，又可阐释生活日常道理、教化后人（图5-4-8～图5-4-11）。

晋中地区还存有不少书院建筑，其装饰特征鲜明，以雅致见长，通过悬挂匾额楹联、嵌立石碑以增加建筑的文化氛围和感染力，三雕装饰简洁明快，将礼仪伦理和宗教信仰等相融合。书院中的题额讲究明志言道、崇祀先贤，例如卦山书院讲堂的"圣协时中"。书院的楹联多用来颂扬处世哲学、记录山河胜景，例如桂馨书院中，有"河山对平远，图史散纵横"，"麓籁风敲三径竹，玲珑月照一床书"，还有"万卷诗书四时苦读一朝悟，十年寒窗三鼓灯火五更明"（图5-4-12）。①

总体而言，晋中传统建筑的装饰较为稳重、得体，与

① 张莹莹. 山西书院建筑的调查与实例分析[D]. 太原理工大学，2007.

图5-4-10 太谷县北洸村五桂堂墀头（来源：薛林平 摄）

图5-4-12 静升王家大院高家崖的桂馨书院（来源：薛林平 摄）

图5-4-11 介休市张壁村民居墀头（来源：薛林平 摄）

使用者和周边环境相契合。但也不乏别特殊案例，如晋中市榆次区北六堡村的贾氏祠堂，修建于清末，后由贾继英于民国24年（1935年）修复。祠堂内有十二生肖木雕，还多处绘有龙凤图案和鎏金人物，装饰非常繁复，这正体现了晋中建筑的空间节点和细部装折灵活适应性的特点（图5-4-13）。

图5-4-13　榆次区贾家祠堂内部装饰（来源：网络）

第五节　中正雅趣、亦庄亦谐的晋中传统建筑

晋中地区正如其缘起，是多元文化交融之地，既体现了儒家正统的伦理秩序，亦有游牧民族的随遇而安的特质。在聚落营造和建筑兴建的过程中，两种文化交相体现，使得晋中传统建筑文化也表现出自身的地区特性：

（1）晋中传统建筑文化是三晋文化的典型代表，传承了史前文明和古代人类的住居文化，包括旧石器时代和新石器时代的遗迹，以及唐宋以来的建筑遗构。

（2）晋中传统建筑文化是连绵传承的统一体，自先秦时期至今未曾间断，正如苏秉琦先生所称的中华民族多元一体发展的"直根系"。

（3）晋中传统建筑文化承载着多民族文化，中原农耕文化和北方游牧文化在此交汇融合。

综上，晋中传统建筑体现了传统的天象、自然和人类协调共生的关系，并融入了伦理宗教理念，在后期，世俗生活越加繁盛的时候，商业文化也逐渐得到体现，蕴含着"中正雅趣、亦庄亦谐"的文化特征。

第六章　晋东南传统建筑

晋东南地区包括今长治与晋城两个地区，其"地极高，与天为党，故曰上党"[①]。由于地理的阻隔，该地区成为相对独立的地理文化单元，因此，其文化发展一直绵延不辍，并一直在吸收和借鉴新的时代营养的同时进行自身的更新和发展，同时又保存着原有传统的精髓。因此，无论是公共建筑还是居住建筑，都在技术更新、观念进步的基础上，不断采用新的建筑材料，发展新的构造形式和建筑形式。

[①]　狄子奇，国策地名考。

第一节　与天为党士商渊薮

一、地理气候

晋东南地区主要包括上党盆地和泽州盆地,分别属于浊漳河水系的上游和沁河水系的中游地区。因此,这两个小盆地有太行山腹地难得的适于农业耕作的地理条件:既有相对适宜的土地等资源,又较少受到大河泛滥的不利影响。虽然地处山区,该地区却孕育发展出了独特的地域文化。

整体上看,晋东南地区海拔较高,且周围还有霍山、中条山、太行山等群山阻隔,形成了一个较为独立的地理单元。在这个地理单元内,除了盆地所在的平地地区,更多的是丘陵和山地。从地质条件来看,丘陵和平地地区主要是黄土,而山地地区则以岩层为主(图6-1-1、图6-1-2)。

气候方面,晋东南地区冬季不甚寒冷,夏季也较少酷热。而在地势相对较高、处在东部太行山巅的陵川、平顺、黎城、武乡等市县,则呈现出冬季相对寒冷、夏季凉爽的山区特点。

二、历史文化

沁水下川遗址和陵川塔水河遗址等古人类遗址表明,在距今两万年前的新石器时代该地已有古人类活动;而传说中的炎帝神农氏、女娲、后羿及远古时代的圣帝明王尧、舜、禹、汤均与晋东南密切相关;至春秋末期,三家分晋之后,迁晋君于端氏(今沁水县端氏镇附近)使其奉祀不绝,故有"晋城"之名。东周显王二十一年(公元前348年),韩第一次设置"上党郡",并成为秦初三十六郡之一,以长治为中心的地区遂名"上党"。

在古代,晋东南地区一直是晋中、雁北、晋南、陕西等地区与中原及华北平原沟通的陆上通道,太行八陉中的太行陉、白陉、滏口陉等古道均位于该地区。

元代以前,频繁的战争使得该地区一直没有获得充分的发展,因此,人口数量不大,人地之间的矛盾也不突出。元代以后,大一统的政治环境使得该地区获得了较长时间的

图6-1-1　平地所处的黄土地层(高平)(来源:郭华瞻 摄)

图6-1-2　太行山区的岩石地层(平顺)(来源:郭华瞻 摄)

稳定；尤其是明代中后期以后，在相对贫乏的农业资源条件下，急剧增加的人口使得人地矛盾大为激化，晋东南地区不得不寻求生存与发展的新出路。在这种背景下，首先是商业获得了较大发展，泽州铁器、潞绸等物产经由泽潞商帮的努力而名扬天下，泽潞商帮也成为发展较早的晋商劲旅；其次是科举获得了较大突破，尤以泽州为突出。时人认为："通商宜潞，读书宜泽"，基本反映了明清时期晋东南地区发展的概况。再次，因旱灾频繁，而农业生产又要依赖降雨，因此，以祈雨为主要内容，并兼有其他民间信仰和社会管理职能的祠庙建筑取代佛教寺院和道教宫观成为村镇建设中较为重要的方面（图6-1-3～图6-1-5）。

图6-1-5 壶关县神北村二仙庙（来源：郭华瞻 摄）

图6-1-3 沁水县郭壁村青缃里鸟瞰图（来源：郭华瞻 摄）

图6-1-4 泽州县大阳镇汤帝庙鸟瞰图（来源：郭华瞻 摄）

第二节 工商兴镇堡寨相望

晋东南地区的传统聚落中以商镇最为突出。如长治县八义村，因秦赵长平之战时的"八义士谏赵"而得名，金代即已发展为镇；泽州县周村镇，则因西晋名将周处死后埋葬于此而得名，同样在金代即已发展为镇；至明清时期，更因工商业的发展而涌现出了数量众多的商镇。留存至今的传统村镇则大部分较为完整地保留了明清时期的格局风貌。

一、传统村镇的选址特点

建立在农业基础上的晋东南传统村镇聚落，在选址时受传统习俗的影响较大，通常会选择四周均有山脉的相对围合环境。如泽州县冶底村，周围有晋普山、佛头山围合，村落前临溪水，背靠山体，形成背山面水、耕地环绕的传统聚落。

在平地和丘陵地区，相对有利的农业条件、丰富的水源、良好的居住环境和便利的对外联系等聚落选址中最重要的要素均较易获得。因此，在不同的背景下，这些聚落的选址还能做到好中选优，或是突出表现为对水源的靠近，如长治县八义镇、泽州县大东沟镇东沟村等；或是突出表现为对交通线的依附，如长治县八义镇、沁水县郭壁村等（图6-2-1）。

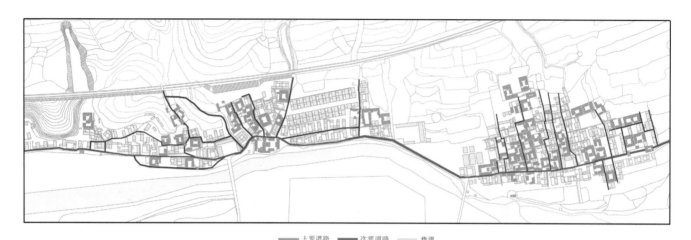

主要道路 ▬▬ 次要道路 ▬▬ 巷道 ▭▭

图6-2-1 沁水县郭壁村选址分析图（来源：郭华瞻 摄）

但是，在山地地区，一方面，因地形条件变化较大，坡度较陡，水土流失严重，地表多为裸露的岩石，适于耕作的土地资源较为匮乏；另一方面，也缺乏具有良好居住环境繁荣较为开阔的适建地段，对外交通条件也相对较差；更为重要的，聚落选址还必须避免山地地区多发的泥石流、落石等自然灾害。因此，山地地区的聚落选址必须充分认识大自然所提供的天然条件的特性，以综合满足人类聚居所需的安全、便利、舒适等要求为主要目的。从实例中所见的山地聚落选址，均很好地体现了上述原则。如平顺县石城镇岳家寨、上马等村落的选址，就全面照顾到了以上诸方面（图6-2-2、图6-2-3）。

图6-2-2 平顺县石城镇上马村（来源：郭华瞻 摄）

二、传统村镇的格局特色

在格局方面，晋东南的村镇聚落充分结合具体的地形条件，经济、文化特点以及具体的社会环境发展出了丰富多彩的形态，做到了因地制宜，因时制宜，使村镇聚落充分发挥出了承载社会经济生活的作用。具体而言，主要分为如下三种：

1. 一般的村落，受规模较小及经济发展水平相对较低等约束，主要表现为不设边界的形态。这样的村落，一般位于丘陵或山地地区，地形起伏较大，难于形成集中的街巷，因而其内部街巷也不发达，整个村落以居住院落呈

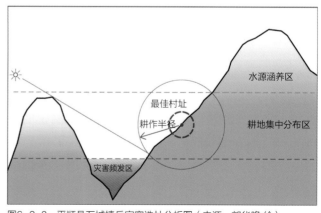

图6-2-3 平顺县石城镇岳家寨选址分析图（来源：郭华瞻 绘）

图6-2-4 泽州县石淙头村鸟瞰图（来源：郭华瞻 摄）

点状或组团分布为主。如泽州县石淙头村，虽然村内有几组规模较大的宅院，但整个村落仍是较为分散的，村内的道路仅起交通联系的作用，尚未形成明显的街巷空间（图6-2-4）。

2. 受商业刺激而获得较大发展的商镇聚落，则主要表现为干支分明的聚落形态。这类商镇，因其通常具有服务往来客商和商品交换的职能，一般位于相对开阔的地段，人口较多，规模较大，内部的街巷也较为发达；更为重要的是，它们一般会有一条承担商业功能的主要街巷作为整个聚落的主干，沿着这个主干会密集分布商铺、寺庙等公共建筑，而主要联系居住院落的次要街巷而与主街垂直相交；在主要街巷与次要街巷相交处，通常还通过设券阁的方式加强空间转换效果。这类商镇在晋东南地区数量较多，其中，长治地区的一般规模较大，如长治县荫城镇；晋城地区的则规模多样，既有陵川浙水村这样的小商镇，也有沁水县郭北村、阳城县上伏村这样的中型商镇，还有泽州县大阳镇、阳城县润城镇这样的大型商镇（图6-2-5～图6-2-8）。

3. 明末，社会动乱波及到了晋东南地区。为求自保，

图6-2-5 沁水县郭南村平面图（来源：郭华瞻 绘）

图6-2-6 陵川县浙水村鸟瞰图（来源：郭华瞻 摄）

图6-2-7 沁水县郭北村鸟瞰图（来源：郭华瞻 摄）

图6-2-8 泽州县大阳镇西大阳鸟瞰图（来源：郭华瞻 摄）

图6-2-9 阳城县皇城村鸟瞰图（来源：郭华瞻 摄）

晋东南地区的很多村镇都发展出了防守严密的堡寨，使原本恬静的农业聚落具有了壁垒森严的空间边界。如阳城县皇城村，明末清初时建设形成了内外两重堡墙，且有高大的望楼河山楼；再如阳城县郭峪村，也在地方乡绅和大商人的资助下建设了堡墙、望楼等一系列防御设施（图6-2-9～图6-2-11）。

因建设堡墙代价高昂，在村镇规模过大、地方社会无力建设保护整个聚落堡墙的情况下，或是虽然村镇聚落整体规

图6-2-10 阳城县郭峪村堡墙（来源：郭华瞻 摄）

图6-2-11 沁水县湘峪村鸟瞰图（来源：郭华瞻 摄）

图6-2-12 阳城县润城镇砥洎城（来源：郭华瞻 摄）

图6-2-14 阳城县郭峪村侍郎寨现存寨墙（来源：郭华瞻 摄）

图6-2-13 泽州县大阳镇金汤寨（来源：郭华瞻 摄）

图6-2-15 沁水县郭南村泰安寨（来源：郭华瞻 摄）

模并不大，但由不同的部分构成，且受山形水系的制约而无法用一座堡墙完全纳入其中的，或者地方社会并不认同花费巨大代价建设堡寨而富户大族又必须修筑防御设施的，则建设"寨"来实现局部的防御。最典型的要数阳城县润城镇，村镇规模很大，无法建设整体的堡，只能根据具体地形建了"砥洎城"，但即便是作为整个村镇的一部分，它也规模足够大，不称"寨"而称"城"；再如阳城县郭峪村，虽有整体的堡，但尚有东坡一带受地形限制无法包进来，就单独建设了"侍郎寨"；而沁水县郭壁北村，则有专属于王家的青绌里；在郭壁南村，有专门保护赵家的泰安寨（图6-2-12~图6-2-15）。

第三节 类型多样严整有序

宋代以后，由于该地区整体较为稳定，较少受到战乱，尤其是长期战乱的波及，因此保留下来数量众多的自唐以来各个时代的建筑精品，其中，唐代建筑仅平顺天台庵一座，五代时期的建筑有平顺龙门寺西配殿、平顺大云院正殿等数座，宋金时期的建筑数量较多，较有代表性的有泽州青莲寺大殿、泽州冶底岱庙大殿、泽州小南村二仙庙大殿等，这是就公共建筑而言，佛寺、道观和祠庙等宗教建筑是主体，其中表现最突出的是祠庙建筑。就居住建筑而言，晋东南地区保存有高平姬氏民居和阳城上庄村元代民居等两组元代民居，至于明清时期的居住建筑，则数量更多；值得注意的是，这些民居建筑，从院落的组群布局到单体建筑，均形成了较为独特的地方特点（图6-3-1～图6-3-3）。

一、公共建筑

晋东南地区公共建筑的类型主要包括佛教寺院、道观，祠庙等宗教建筑类型和商铺、券阁等和村镇聚落的经济职能与形态密切相关的建筑类型。一般而言，佛寺、道观等公共建筑，受其宗教意识形态本身的出世倾向影响，通常会选择远离村镇聚落的地方，依傍名山胜景而形成地方特有的文化景观。如泽州青莲寺，作为佛教名刹，自隋唐以来一直兴盛不衰，尤其是宋金以来，和当时的山水审美思潮相结合，逐渐发展成为远近闻名的游览胜地，同样的例子还有高平游仙山游仙寺等；再如高平上董峰村万寿宫，因马仙姑的传说而影响渐广，自元代以来渐次发展成为重要的道教宫观。

与佛寺、祠庙建筑的出世倾向相比，祠庙建筑就入世得多了。因其主要承担与具体的村镇地方社会经济、文化生活密切相关的祈雨、祈祷、看戏和社会组织的协商组织等功能，故祠庙建筑一般选址在村镇聚落内部或邻近地段建设。如阳城县郭峪村汤帝庙、沁水县郭壁村崔府君庙、长子县布村玉皇庙、泽州县府城村玉皇庙、泽州县南村镇冶底村岱庙等，其选址均体现了祠庙建筑的这一入世特点。至于商铺、券阁等公共建筑，它们和村镇聚落的结合就更加紧密了：商铺均沿主要街巷布置，而券阁则会出现在村镇的外围边界或内部主次街巷之间的界面上（图6-3-4～图6-3-8）。

这些公共建筑的空间组织充分地体现了其文化机能。其中，佛寺、道观等建筑均以其自身的宗教教义作为空间组织的依据，而祠庙建筑则更加全面地体现了其复杂的功能：从院落组群布局方面看，突出主要殿堂，其余建筑沿中轴线呈对称分布，但其中所供之神则可以互不统属，而以满足当地求子、求财等多方面生活需求为主；从单体建筑方面看，戏台建筑较为突出，不但置于轴线上，还常以其为中心组织院落标高、布置看楼，从而形成较为完整合理的观演场所；并

图6-3-1　泽州冶底岱庙大殿（来源：郭华瞻 摄）

图6-3-2　长治县八义村"八卦院"（来源：郭华瞻 摄）

图6-3-3　高平赵家老南院（来源：郭华瞻 摄）

图6-3-4　阳城县郭峪村汤帝庙（来源：郭华瞻 摄）

图6-3-5　沁水县郭壁村崔府君庙（来源：郭华瞻 摄）

图6-3-6　泽州县金村镇冶底村岱庙（来源：郭华瞻 摄）

图6-3-7 高平市石末村临街商铺（来源：郭华瞻 摄）

图6-3-9 阳城县郭峪村汤帝庙看楼（来源：郭华瞻 摄）

图6-3-8 黎城县霞庄村村口券阁（来源：郭华瞻 摄）

且，这些观演场所还充分考虑了妇女、儿童、老人等各个人群的观演需求（图6-3-9）。

二、居住建筑

明清时期，除了传统的农业，晋东南地区的工商业和科举事业均获得了较大发展，反映到居住建筑方面，就出现了与这些特点相一致的多样化的建筑形制。其中，既有与传统农耕家庭相适应的基本型——四合院和三合院，也出现了为满足大家庭的生活方式而由这些基本型组合而成的棋盘四院以及在居住部分之外附加商业部分而形成的多进院，还出现了多路多进的大型宅院。

作为基本型的四合院和三合院，在晋东南地区，也常被叫做"四大八小"和"簸箕院"。所谓"四大八小"，顾名思义，是由正房、东西厢房、倒座和耳房及厦房等共同围合院落的建筑组合方式。其中，正房、厢房、倒座体量较大，等级较高，容纳居住等主要使用功能，称为"四大"；附于"四大"两侧的耳房、厦房体量较小，承担储藏、交通联系等次要使用功能，称为"八小"。一般正房及倒座房两侧各带两个耳房，厢房两侧则各带厦房以联系厢房与耳房，故也被称为"四大四小四厦房"。所谓"簸箕院"，是指由正房及耳房、厢房及厦房和大门围合而成，其中，正房及耳房、厢房及厦房均为二层，正房比东厢房、西厢房体量大，等级较高，容纳主要使用功能，且一般正房及耳房、厢房一层供居住，二层供储藏用；厦房为在二层联系厢房与正房耳房之用，其临厢房一侧常设石质楼梯联系上下；大门居中布置，为一层。因其整体后高前低、形似簸箕而得名"簸箕院"（图6-3-10～图6-3-13）。

这些基本型，可以根据需要组合成"棋盘四院"，还可以其为中心发展成为多进院乃至多进多路的大型宅第。如沁水县西文兴村司马第，就是一组两进院，格局严整，严谨有序；泽州县西黄石村成家兄弟院，为多路多进，主要院落外侧还附有一些附属院落（图6-3-14～图6-3-17）。

这些居住建筑的主要单体均采用二层乃至多层楼房的形式，这是比较特别的。这样，整组建筑就高大起来，既有利

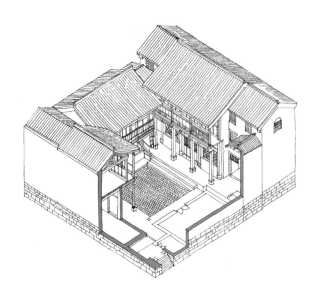

图6-3-10　"四大八小"轴测示意图（来源：薛林平 绘）

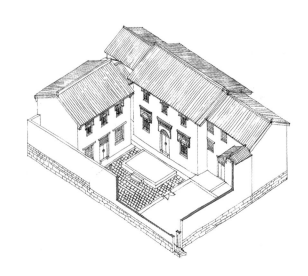

图6-3-12　簸箕院轴测示意图（来源：薛林平 绘）

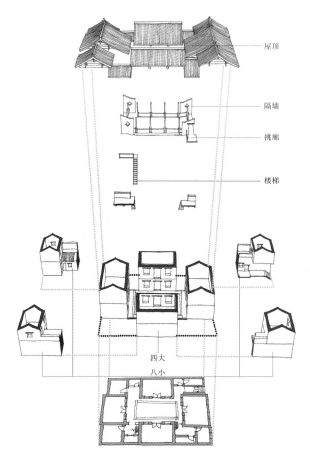

图6-3-11　"四大八小"分解示意图（来源：薛林平 绘）

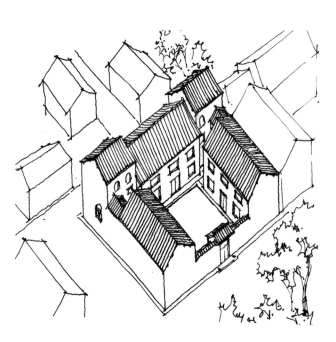

图6-3-13　泽州县北义城镇西黄石村赵家簸箕院（来源：薛林平 绘）

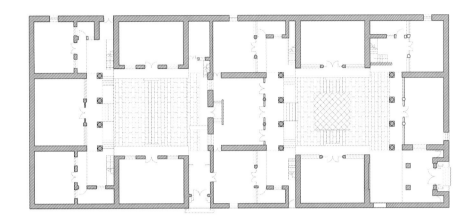

图6-3-14　沁水县西文兴村司马第组群平面图（来源：郭华瞻 绘）

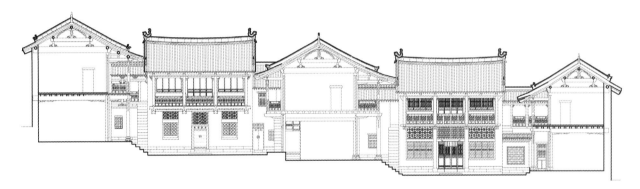

图6-3-15　沁水县西文兴村司马第组群剖面图（来源：郭华瞻 绘）

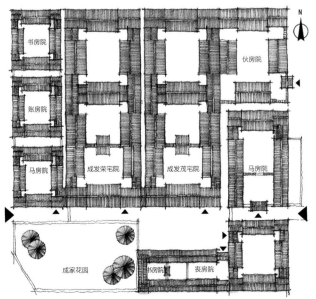

图6-3-16　泽州县西黄石村成家兄弟院组群平面复原图（来源：薛林平 绘）

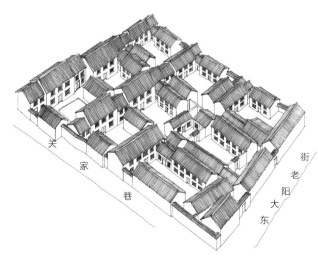

图6-3-17　泽州县大阳镇裴家院落群鸟瞰图（来源：薛林平 绘）

图6-3-18　沁水县郭北村文魁院二层倒座房（来源：郭华瞻 摄）

图6-3-19　沁水县郭北村极高明院三层正房（来源：郭华瞻 摄）

于增强院落的防御性，又可以增加上部的使用面积，而在底层，则因远离日晒而在相对炎热的夏季获得了较为凉爽的室内环境。因此，这是晋东南地区所创造的主要人居智慧成果之一（图6-3-18~图6-3-19）。

第四节　寓美于象风教不辍

晋东南传统建筑装饰与细部均较丰富。这些装饰与细部，均密切结合建筑的材料、构造和结构特点来安排，因此，多而不杂，繁而不缛，恰当地起到了增强建筑表现力的作用。

一、传统建筑材料及构造

在材料方面，晋东南地区的传统建筑主要采用木、砖、石、土等传统材料，尤其是大量采用砖这种材料并与木结构相结合使用，从而形成砖木混合结构。砖一般用于多层建筑的低层，并通过门窗洞口的处理与装饰密切地结合起来，如在采用过梁的洞口处，过梁本身一般较少加工；但在采用拱券形式的洞口处，则通常会通过细致处理拱券的券脸来获得一定的装饰效果；而在窗台处，则普遍采用整块的窗台石以形成较为平整的窗台面，窗台石也就成为施用装饰的重点部位（图6-4-1、图6-4-2）。

多层建筑的顶层，主要以木结构为主，不但屋架部分

图6-4-1　平顺县西社村某宅券窗（来源：郭华瞻 摄）

图6-4-2　泽州县大阳镇张氏主宅厢房窗台石（来源：郭华瞻 摄）

全为木质，还通过独立的木柱或埋设于墙内的木柱实现与屋顶木构的交接，这时候，装饰的重点就集中到与木构相关联的各部位了。二层建筑的纵向交通，普遍通过设于前檐下的木质楼梯来实现，这时候，二层明间常通过出挑形成入口阳台，栏杆等也成为施用装饰的重点部位。悬山屋顶，则山面搏风版及悬鱼惹草等部分常见装饰；硬山屋顶，则在山墙与檐墙的交接转交处常通过出挑墀头来与挑出的屋檐相接，这样的部位成为施用砖雕的集中部位（图6-4-3、图6-4-4）。

二、装饰特征

晋东南传统建筑的装饰丰富而细腻，主要体现在以下三个方面：

（一）多样的材质和细部

在晋东南地区，木雕、石雕、砖雕等传统装饰材料自然获得了最为广泛的应用，此外，铁艺和建筑琉璃也大放异彩，就连最普通不过的灰瓦，也会被能工巧匠组织起来用作装饰的素材。施用装饰的建筑部位，除了大面积的墙身和屋面外，几乎建筑的每个部位都可以见到装饰的身影，尤以影壁、牌坊、墀头、门楣、门窗过梁、窗台、门砧、门窗等建筑外立面以及人的日常活动最易接触到的部位为主（图6-4-5～图6-4-9）。

需要特别说明的是，该地区的装饰并非附加的纯粹装饰构件，而是在构件的结构功能之外，在不妨碍这些构件结构机能的前提下所做的艺术加工，因而，这些装饰，带给人的不是繁缛多余，而是恰到好处的美感。此外，这些装饰还会

图6-4-3　泽州县周村镇某宅正房楼梯及栏杆（来源：郭华瞻 摄）

图6-4-4　壶关县崔家庄侯家大院墀头装饰（来源：郭华瞻 摄）

根据部位或构件受力情况的不同采用相应的材质，如影壁，一般要暴露在外直接经受风吹雨打，故普遍采用砖雕；门砧和柱础等部位，因要承受门扇或上部结构的重量，故普遍采用石材；铁艺则一般用于铺首衔环等需要耐磨材料的部位；木雕则多施于月梁、斗栱、栏杆、雀替、垂柱、门窗槅扇等部位（图6-4-10、图6-4-11）。

图6-4-5　泽州县大阳镇赵知府院影壁（来源：郭华瞻 摄）

图6-4-7　壶关县芳岱村某院建筑墀头（来源：郭华瞻 摄）

图6-4-6　陵川县西河底镇黄庄村牌坊（来源：郭华瞻 摄）

（二）丰富细密的图案和生动的造型

　　不论是何种材质，在能工巧匠的精心雕琢下，都通过丰富细密的图案和生动的造型来加强表现力。根据施用构件的尺度、形状及其结构作用的不同，装饰可为线刻、浅浮雕、高浮雕乃至镂空的透雕、圆雕等各种形式。线刻常见于石雕，通常是在致密的青石或青白石表面，通过线描的方法将复杂细密的花卉等形象表达出来，如泽州县大阳镇王家大院的窗台石，通过线刻的方式将诗、书、画集中表达出来，深得中国传统艺术的精髓；浅浮雕可见于木雕、石雕、砖雕等

图6-4-8　阳城县东岳庙大殿琉璃正吻（来源：郭华瞻 摄）

图6-4-10　泽州县西黄石村成家侍郎院大门柱础（来源：郭华瞻 摄）

图6-4-9　阳城县东岳庙大殿琉璃宝顶（来源：郭华瞻 摄）

图6-4-11　高平市大周村韦家大院辅首（来源：郭华瞻 摄）

图6-4-12　泽州县冶底村岱庙正殿门框石雕局部（来源：郭华瞻 摄）

图6-4-13　泽州县大阳镇君泰号门槛石（来源：郭华瞻 摄）

图6-4-14　沁水县西文兴村"行邀天宠"院大门木雕（来源：郭华瞻 摄）

各种材质的装饰作品上，这种雕刻形式适于表现具有一定造型的形体，尤其以具有几何特征的各类图案为主，如沁水县西文兴村"行邀天宠"院的大门花牙子木雕博古架；高浮雕常见于石雕和砖雕构件中，适于表现特定角度的图案化的人物、动物等形象，可以有效增加作品的立体感；圆雕则主要见于石雕构件中，主要用于表现立体的动物形象；透雕则主要见于木雕构件中，多用来表现立体的花鸟形象，因为木材特有的韧性，即便表现的是颇为细碎的花瓣、植物叶片和小型禽鸟，也不用担心作品的耐久性；铁艺是比较特别的一种形式，主要用透空的形式来表现图案化的内容（图6-4-12～图6-4-17）。

图6-4-15　长治县八义村某院大门门当石雕（来源：郭华瞻 摄）

图6-4-17　高平市大周村铁艺（来源：郭华瞻 摄）

图6-4-16　高平市大周村刘家大院过梁木雕（来源：郭华瞻 摄）

（三）含义隽永的题材

题材内容方面，一方面，是通过花卉、博古、仙禽瑞兽、福字、寿字、卍字、石榴等符号化手段以表现祥瑞、繁荣、和谐的安乐景象，表达子嗣连绵、家族发达的愿景；另一方面，则是通过生动的场景来表现繁荣、喜悦得气氛，"喜鹊登梅"、"狮子滚绣球"等题材频频出现，雕刻也普遍较为精细，所雕动物形象有动作、有表情，所雕花卉则花瓣分明、花蕊判然，整体上营造出了生动活泼的艺术氛围。在影壁等重点部位，还往往形成主次分明、同时运用多种题材以烘托环境氛围，这时候，所施雕刻最为华丽，有的还雕刻出大幅面的宏观场面，夔龙、麒麟、凤凰、牡丹、松、鹤、鹿等祥瑞题材最常出现（图6-4-18~图6-4-21）。

晋东南传统建筑装饰通过丰富细密的图案和生动的造型为古村落营造出了一幅幅生活安乐、幸福可期的欢乐景象，

图6-4-18　泽州县周村镇宜西园石榴瓦饰（来源：郭华瞻 摄）

充分表达了人们对于村落生活的满足。更重要的是，其中饱含了晋东南地区追求和谐、富足、高尚的意图，追求家族繁衍、生生不息、传承永续的理念。这些理念正是通过具体的题材内容最终表达出来的。

图6-4-19　高平市良户村侍郎府影壁砖雕（来源：郭华瞻 摄）

图6-4-21　阳城县郭峪村某院砖雕（来源：郭华瞻 摄）

图6-4-20　沁水县郭壁村某宅砖雕局部（来源：郭华瞻 摄）

第五节　严谨有序、时代风尚的晋东南传统建筑

晋东南地区的传统建筑凝结着在漫长的历史中所创造的人居智慧，表达着当地人追求理想生活的价值理念。具体而言，晋东南地区的传统建筑文化突出地表现为以下几个方面：

一、组群和单体建筑均适应当地环境气候的特点

在组群层面，主要体现在传统村镇和建筑的选址及营造中的气候及社会环境应对措施等方面：如在丘陵地区，基于传统

理念的引导，晋东南的传统村镇多选择靠山面水的地段建设，既可保证获得较为稳定的基址，又可以获得利于冬季避风纳阳、夏季接风得雨的小环境；而在自然条件不利的山地地区，则通过严苛的选址来筛选能综合满足各种基本生活需要的环境。在单体建筑层面，则或是通过墙体、开窗等处理形成了既有利于冬季保温、又有利于夏季防热的室内环境，或是通过朝向和布局的合理化来获得良好的日照和通风条件。在这里，无论是组群层面的选址，还是建筑层面的人工营造活动，都围绕所面临的具体问题展开，在充分认识所居住的自然环境的特点的基础上，通过挖掘自然条件所蕴含的潜力和主动发挥营造活动的创造性，趋利避害，共同形成安全、舒适的人居环境。

二、充分利用建筑材料、构造等条件促进建筑发展

明代中叶以后，该地区大胆采用砖这种新材料，使之与传统木构架更好地配合，从而逐渐改进了该地区以土和木为主要材料的原有建筑体系，形成了以砖和木为主要材料的新建筑体系；并且，在实践过程中深入掌握这种材料性能的基础上，促进了传统建筑由悬山向硬山的转变，这是具有历史意义的探索，在中国建筑史上留下了光辉的一页。此外，在建筑形制方面，受人口增加和土地资源有限等条件的制约，该地区的民居建筑也发生了由单层向二层楼居的转变，并且在发展过程中不断完善自身，使之更符合材料的力学性能，从而构成今天所见的建筑遗产的主体。

三、追求理想生活的价值理念

在适应环境气候和创造新建筑形式的同时，该地区却并没有与传统割裂开，而是继承和发扬了传统建筑文化中的优秀特质，并通过建筑将追求理想生活的价值理念表达出来。在聚落层面，通过公共建筑的营造来实现祈雨、赈灾等公共职能的运作，并以信仰、以乡规民约来赋予其合法性，使之具有强制力。在建筑层面，则是通过大量的细部和装饰来营造出欢乐祥和、风雅闲适的生活图景，并将"忠"、"孝"、"善"等中国传统文化中最核心的价值理念传达出来。这些手段的综合运用使得传统社会的价值理念在晋东南地区得以传承不辍。

第七章　晋南传统建筑

晋南地区位于山西省西南部，地处汾河下游，行政范围包括今临汾市和运城市。其北靠韩信岭与晋中、吕梁接壤，东依太岳山、中条山与长治、晋城为邻，西、南隔黄河与秦豫相望。因地理位置优越，再加之境内资源丰富[①]，农业兴盛，晋南成为乡民最早的聚居地，也是中华文明的起源地之一。传说中的尧都平阳、舜都蒲坂、禹都安邑均在晋南，因此这里素以"三圣故里"而著称（图7-0-1）。

图7-0-1　晋南传统建筑地域示意图（来源：《山西民居》）

---

① 运城解池，为我国古代唯一的内陆盐池，也是中国最早的盐业基地。

第一节 盆地丘陵晋商起源

一、地理环境

晋南地区主要为临汾和运城两盆地，四面为丘陵，汾河自东北向西南贯穿全境。另有昕水河、沁河、涑水河、浍河、鄂河、清水河等大小河流百余条。汾河、沁河为常流河外，其他多为季节性河流。

该地区属温带大陆性半干旱半湿润季风气候区，四季分明，雨热同期。气候的主要特征是冬季寒冷干燥，降雪稀少；春季干旱多风，秋季阴雨连绵；夏季酷热多暴雨，伏天旱雨交错。农作物主要包括棉花、小麦、谷子、玉米、高粱、花生和薯类等，天然草场则分布在盆地周围的山区丘陵地和汾河、黄河的河滩地带。

二、历史文化

早在180万年前，就有人类在这里繁衍生息。襄汾的"丁村遗址"，至今也有15万年的历史（图7-1-1）。在远古时代，晋南就已成为华夏原始部落集结活动的中心地区之一。临汾古称平阳，因地处平水之阳而得名。《禹贡》分天下为九州，平阳为冀州之地。冀州处九州之中央，故称"中国"，"中国"一词由此而来。《帝王世纪》所称"尧都平阳"，即今临汾。山西夏县东下冯村发现了年代相当于夏朝的城堡遗址，城堡规模宏大，布局合理，有居住遗址、人工沟、陶窑、水井、窖穴、墓葬等。类似东下冯城堡的建筑遗迹，在北起临汾、南至黄河、东出翼城、西抵河津的山西南部，竟有35处之多。根据古文献的记载，夏人的主要活动区域，包括晋南的汾、浍、涑水流域。这些发现，与《禹贡》记载的冀州、太原以及周人所说的"大夏"、"夏墟"，正好吻合。

优越的地理条件和丰富的自然资源，使得晋南自古便是兵家必争之地。在这里曾发生过我国历史上最早、最大的部落联盟大战，古称炎黄战蚩尤，战争推动了中华民族的进步和文明。

图7-1-1 襄汾县"丁村遗址"（来源：韩卫成 摄）

晋南曾一度成为区域范围内的政治中心。春秋时，晋文公"轻关易道，通商宽农"，私商得以发展。战国时，魏国通过李悝变法，私商进一步兴盛。巨贾猗顿，寄居猗氏"大畜牛羊"起家，曾浚河行舟贩盐营利，以"陶猗之富"扬名天下。唐、宋、元时期，河东成为盐商辐辏之区，受此影响，经商者日多，私营商业进一步发展，绛州、解州、蒲州私商云集，生意兴隆。明代，蒲州出现了一大批官商。运城因潞盐而繁荣，系晋南工商重镇，自元代建城池后，逐渐发展成为"群商所处，诸路所通。百货所聚，商旅辐辏，卖贩云集"之处。明代平阳为全国33个工商都会之一，曲沃因烟而兴，产生了上百家商号。清雍正时，商民多达两万余人。沈思孝《晋录》中说："平阳、泽、潞豪富甲天下，非数十万不称富"，而临汾也素有"三晋通衢"之誉。正是这种重商与宽农的传统使得晋南成为河东文化的重要发源地。

第二节　规划严谨经纬有序

一、都城

历史上尧都的所在地即为晋南地区，目前考古界普遍认定其具体位置为襄汾县陶寺村的陶寺古都遗址①。

陶寺城址平面呈圆角长方形，它由早期小城、中期大城和中期小城三部分组成，呈现出大城与小城相套的格局。陶寺古都遗址经过考古发掘，发现了带有防御设施的王宫及一定数量的夯土宫殿建筑群，面积大者达八千多平方米，小者也达数千平方米。体现了陶寺遗址社会的等级结构与黄河中游地区的文明成就。极少数的王墓与绝大多数的平民墓葬发掘中，贵族与平民在住宅规模、地基处理技术和选址布局方面存在很大的级别差异。经过考古认定，陶寺遗址中除宫殿建筑外，还包含城墙、祭祀区、天地坛、观象台、手工业作坊区、仓储区和不同阶层的王族墓地等，因此陶寺遗址从其年代、内涵、规模和等级以及它所反映的文明程度等方面与尧都的相当特征相当吻合，陶寺作为尧的都城这一点在考古学界获得了很大程度的认同（图7-2-1、图7-2-2）。

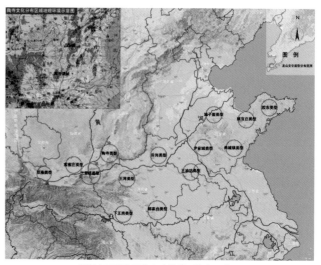

黄河中下游地区龙山文化类型分布示意图

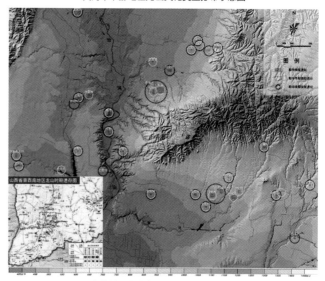

陶寺村周边陶寺文化遗址分布示意图

图7-2-1　陶寺文化遗址（来源：山西省城乡规划设计研究院 提供）

图7-2-2　陶寺文化遗址范围（来源：山西省城乡规划设计研究院 提供）

① 另一种说法是在古都平阳，见于《后汉书·郡国志》

二、中心城市

晋南古城大多规划严谨、秩序井然，其中较具区域影响力的中心城市有唐中都蒲州城、绛州城等。

蒲州古城创建于北周时期，唐时最为繁盛，曾两建中都，为四辅之一。金正大八年（1231年）元兵攻城，金将截城之半（即今所见东、西二城的格局），留守内城。此后，西城成为蒲州城的主要城池。元至正十年（1350年）增修；明洪武四年（1371年）重筑，以砖裹堞，有四门，城墙上建有门楼、角楼、敌台、月城等防御设施，东、南、北三面环绕护城河。近代由于城池被大水冲毁，蒲州古城现仅留有部分城墙及鼓楼遗址（图7-2-3）。

绛州古城南临汾河，北沿丘陵。古城有南北两个城门，南为牛嘴背为牛臀，东西天池为牛眼，角塔为牛犄角，唯一的南北大街为牛脊，左右62条巷为牛肋，宝塔为牛尾，因此被喻为"卧牛城"。绛州城不同一般州县城制，该城没有采用"方城十字、对称中轴"的格局，而是"临川笼丘"因地制宜地进行建造，城内三关五坊，两门62巷，楼、塔、园等皆依地形自然而建，形成整体而活泼的城市轮廓线。古城内创建于隋开皇十六年（公元596年）的"绛守居园池"，是目前全国唯一的时间最早的官家园林。古城虽历经一千四百

余年，受到各个时代的冲击，但仍然较好地保留了唐代的主体城市结构，是一座能够反映唐代风貌的古代州级城市（图7-2-4）。

三、县级城市

晋南城镇因为地处中原，在历史发展中形态大都比较单一，具有稳定性，多为方形或矩形，内部街巷横平竖直，纵横交错。

曲沃古城位于临汾市曲沃县西北部。春秋时期，晋国先后在曲沃建有3座都城，豪华奢靡一时的虒祁、铜鞮二宫都建在这里。今县城建于周惠王五十六年（公元前661年），原名新城，历经数次营建，规模逐渐扩大。隋开皇十年（公元590年），曲沃县治由乐昌镇堡徒新城（今县城），有土筑小城。明正统十四年（1449年），城垣扩至周长三里五十步，高、厚皆两丈五尺，壕深两丈五尺，宽四丈。明正德十一年（1516年），增设雉堞，砖砌城壁，建门楼四，角楼四，铺舍25处。明嘉靖二十二年（1543年），城垣再扩为周长六里五十步，高厚皆如旧城，四面设垛口二百七十个，炮台二十五座，新辟北门一，南门二，东门二、西门一，加原有西门二，共八门。连同古东门，古南门俗称十门。明隆庆

图7-2-3　蒲州古城北门城楼建筑遗址（来源：山西省古建筑保护研究所提供）

图7-2-4　新绛州古城（来源：网络）

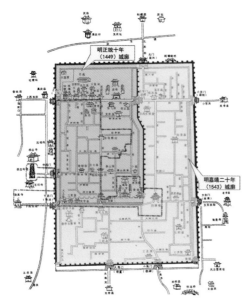

图7-2-5　曲沃古城演变图（来源：山西省城乡规划设计研究院 提供）

图7-2-6　汾城古镇街巷（来源：网络）

元年（1567年），内外城各加高一丈，共三丈五尺，顶宽一丈。至此，曲沃城垣基本定型（图7-2-5）。

汾城古镇位于临汾市襄汾县西南部，原为唐代尉迟敬德的封地。自唐贞观七年（公元633年），古太平县①迁于此地，历经各代发展演变为今日汾城镇。古镇东西宽332米，南北长655米，占地22公顷，以鼓楼为中心四向布局。城西布置有文庙、学宫、试院、学前塔；西北布置有城隍

庙、魏侯祠、娲皇庙、观音堂、仓储等；城东布置县署各司衙门、关帝庙、刑狱等设施。汾城规划严谨，秩序井然，城内共有大小街巷17条。署衙、学宫、仓储、寺庙、店铺、民居、塔、楼、桥梁等不同类型的建造物一应俱全，保持着我国县级城市建筑的布局方式。建筑类型丰富、时代特征鲜明，具有较高的建筑技术与艺术水平，真实反映了封建社会县级城市在政治、经济、文化等方面的历史状况（图7-2-6）。

四、农业聚落

（一）平地聚落

光村地处平原，无地表水系穿过，形成了以城墙直接围合的正方形村落边界。内部道路经纬相交，主次分明，以南北向两条主路为骨架，东西向两条辅路与其交叉，形成"井"字格局，中央为最核心的聚落公共空间。村中同一姓氏家族围绕自家祠堂建房，逐渐拓展成具有一定规模的家族建筑组团。赵家、薛家、蔺家等大型院落群位于街巷间，不同组团的界面直接构成了街巷的界面。

除村落自身的空间格局外，周遭的自然山水、构筑物等，又丰富了聚落的自然景观。如"光村八景"——福胜寺、会仙楼、半截塔、通灵石、北雄山、通天桥、子母池、碑顶柏。这八景不仅描述了与村民生活息息相关的自然环境，而且也反映了村落经历史沉淀下来的文化内涵（图7-2-7、图7-2-8）。

丁村同样为方形村落，东西长350米、南北长370米。附近的村子也大多建成方形或近似方形。不同的是，村内街道以丁字街居多。为了挡住北方的煞气，北门外则正对北门建起一座宏大的关帝庙，庙中供奉真武大帝以镇风水。现存明清时期的建筑大都分布在从东门直到西头的三义庙前的主街两侧，村内建筑大豆高楼大院，石块铺地，非常气派（图7-2-9、图7-2-10）。

---

① 古太平县和襄陵县沃野连属，经济富庶，人们安居乐业，素以"金襄陵，银太平"并称于世，后来合并为现在的襄汾县。

图7-2-7 光村鸟瞰图（来源：网络）

图7-2-9 丁村鸟瞰图（来源：网络）

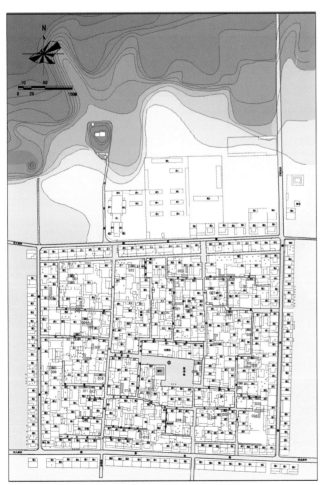

图7-2-8 光村总平面图（来源：同济城市规划设计研究院 提供）

图7-2-10 丁村总平面图（来源：罗腾杰 绘）

（二）山地聚落

晋南地区也存在部分丘陵，在此基础上形成了山地聚落。如临汾市汾西县师家沟村，充分利用山地空间和地形高差，合理组织台地院落。与等高线垂直布置的院落，其交通组织具有明显的高程变化，上下两院之间，或通过设置楼梯解决垂直联系，或通过院外道路通达，这样不仅使得不同的院落上通下达，而且也造成了建筑形体层层跌落，丰富有序的聚落景观（图7-2-11）。

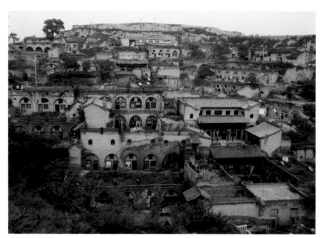

图7-2-11　师家沟村鸟瞰图（来源：薛林平 摄）

第三节　方正有序窑楼相依

一、公共建筑

晋南地区公共建筑种类众多，基本的建筑类型如佛教寺院、祠庙、道观、书院、戏台均可找到实例。

道观的典例为芮城县永乐宫。永乐宫原名叫"大纯阳万寿宫"，因原建于芮城县永乐镇，俗称"永乐宫"（图7-3-1）。永乐宫始建于元代定宗贵由二年（1247年），竣工于元代至正十八年（1358年），施工期长达110多年。永乐宫是为奉祀中国古代道教"八洞神仙"之一吕洞宾而建，是中国道教三大祖庭之一。建筑按中轴线排列，永乐宫的建筑特点是将宫门、龙虎殿、三清殿、纯阳殿、重阳殿等五座建筑物，自南向北依次排列在一条中轴线上，东西两面不设配殿和附属建筑物，而是用围墙围成一个狭长的中心院落，并将三清、纯阳、重阳三座主要殿宇集中在后半部，建在台基上。其他建筑在中心院落以外，另建一道围墙，体现了主次有序的建筑特色。永乐宫四座大殿内的精美壁画最为珍贵，主殿内四壁的壁画除小部分为明、清补画外，其余绝大多数

都是元朝的作品，画面上共有286个人物，所绘人物身高2米以上，场面极为壮丽。这些人物，按对称仪仗形式排列。纯阳殿内壁画描述了吕洞宾从诞生起至"得道成仙"和"普渡众生游戏人间"的神话连环画故事。壁画继承了唐宋绘画遗风，堪称壁画典范。由于黄河三门峡工程兴建，永乐宫地处淹没区内，所以从1959年起，永乐宫历经六年全部迁移至芮城县城北。

祠庙的典例为解州关帝庙。庙宇坐北朝南，仿宫殿式布局，横向分东、中、西三院，中院是主体，纵向又分前院和后宫两部分。前院依次是照壁、端门、雉门、午门、山海钟灵坊、御书楼和崇宁殿，两侧是钟鼓楼、"大义参天"坊、"精忠贯日"坊、追风伯祠。后宫以"气肃千秋"坊、春秋楼为中心，左右有刀楼、印楼对称而立。东院有崇圣祠、三清殿、祝公祠、葆元宫、飨圣宫和东花园。西院有长寿宫、永寿宫、余庆宫、歆圣宫、道正司、汇善司和西花园以及前庭的"万代瞻仰"坊、"威震华夏"坊。后宫后部，是关帝庙扛鼎之作的春秋楼，宽七间，进深六间，二层三檐歇山式建筑，高33米。全庙共有殿宇百余间，主次分明，布局严谨。殿阁嵯峨，气势雄伟（图7-3-2）。[1]

图7-3-1　永乐宫大殿（来源：网络）

---

① 邢春如 编著. 中国著名建筑. 沈阳：辽海出版社，2007.

图7-3-2 解州关帝庙鸟瞰图（来源：网络）

二、居住建筑

（一）平地合院

历史上的晋南因气候适宜，农业发达导致人口稠密，用地紧张，普通庄户人家的宅基地一般只有三、四分不等，所以素有"三分院子四分场"的说法。因此，普通院落多成窄长布局，建筑以单檐硬山顶为主，较豪华的为"四檐八滴水"，泛指在宅基四面建双坡顶房屋，围合成的四合院。

规划严整、规模宏大的平地合院，主要分布在运城地区，代表了晋南民居的最高水平。如李家大院，原有院落20组（现存7组），房屋280间（现存146间），另有祠堂花园遗址等，共占地125亩。因西院院主李道行（字子用）留学英国，娶英国女子麦儒为妻，故建筑风格别具特色：以晋南传统民居为基础，同时吸纳了徽式建筑风格，部分还采用了日式"推拉门"和欧洲"哥特式"建筑元素，体现了南北融汇，中西合璧的建筑理念（图7-3-3~图7-3-5）。

（二）山区窑院

丘陵区人民建窑较多。窑洞根据砌筑材料可分为土窑、砖窑、石窑数种，根据砌筑方式可分为靠崖窑和箍窑两类。土窑一般依山区挖洞，或平地掘坑再挖洞，为靠崖窑。砖窑、石窑均为碹砌，为箍窑。

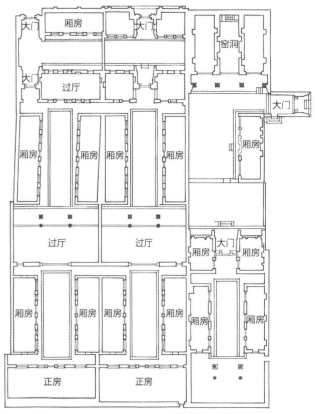

图7-3-3 李家大院典型家族大院院落平面（来源：韩卫成 绘）

图7-3-4 李家大院典型家族大院（来源：王金平 摄）

晋南北部霍州山区一般采取台地窑院形式，依山就势而建。在地势起伏较大但地段比较开阔的山地环境中，利用连续不断的台阶式布局，通过稍加填挖形成台地，然后在平整的台地上布置院落，也是一种最简单的处理方法。这些窑

图7-3-5　李家大院典型家族大院门楼（来源：薛林平 摄）

图7-3-6　许村朱家大院厢房（来源：薛林平 摄）

图7-3-7　塔尔坡村台院民居鸟瞰（来源：阎玉宁 摄）

洞，正窑前部多带前廊，作遮阳与防雨之用，同时廊下作通道。倒座或者二层建筑则一般为木构架结构（图7-3-6、图7-3-7）。

　　晋南地区南部，如运城市的闻喜、万荣等地，一般采取地坑院等形式。地坑院其实就是山区中的一种天井式土窑院落，格局极似四合院。地坑院一般长宽三、四十米，深约十多米，其建造方法是，选择一块平坦的地方，从上而下挖一个天井似的深坑，形成露天场院，然后在坑壁上掏成正窑和左右侧窑，为一明两暗式结构，再在院角开挖一条长长的上下斜向的门洞，院门就在门洞的最上端。为了排水，在院角

挖一个大土坑，俗称"旱井"或"干井"，使院中雨水流入井中，再慢慢渗入地下。多数农家还在门洞下设有排水道，以免速降暴雨时雨水灌入窑洞。

　　一般向阳的正面窑洞住人，两侧窑洞则堆放杂物或饲养牲畜。屋顶上面是秋收打场的好地方，打好的粮食从事先留好的仓洞里，可以直接倒进贮粮的窑洞内。勤劳的村民还在院里坡前栽种树木，地坑院被掩映在树木林荫之中，鸡犬之声相闻而不相见，人声嘈杂而影踪全无，是一种十分适合当地自然环境的居住形式，成为山西村落景观中别具风情的一种类型（图7-3-8、图7-3-9）。

主要是为了省材，一般门房五檩，厢房三檩，檩长不超过一丈三。屋顶的做法为在椽上铺苇箔，其上铺设麦秸泥，用以粘附板瓦。板瓦仰面铺砌，瓦面纵横整齐，以利排水。在坡的两端做二到三垅合瓦压边，以消减单薄的感觉。这种屋面做法叫仰瓦屋面。正脊有的用青砖铺砌，也有的用板瓦仰伏组成花墙或屋脊。屋檐端部用山墙内挑出的直木承托，檐口与直木间可用砖填砌，或用板瓦拼成图案填入。外墙底部多为清水砖墙，上部为土坯墙，外用麦秸泥找平，表面用白灰麻刀抹光。

由于每户宅基地面宽较窄，厢房一般采用单坡内排水屋顶，或前坡长后坡短的双坡顶。相邻两户的单坡厢房可组成双坡屋顶，但内部从正脊下设隔墙隔开。室内屋架下设顶棚。顶棚的做法一般是用苇秆绑扎成方格网，固定在椽子下。在苇秆下用纸糊平，或在苇秆上铺竹片席。三间厢房一般隔为两房，隔墙砌到顶与椽檩相接；两房门相邻，窗设于门侧。

门房较厢房高大，采用两坡顶。门房南墙开有高窗，以争取较好朝向的采光，同时也注意了安全问题。门房门廊上部设架空层，可放置农具等。其做法是：在2.2米高左右处间设横木，上用木板铺盖钉牢，下设吊顶。架空层出入口设于门廊内端上，可架梯出入。

图7-3-8 地坑院鸟瞰图（来源：薛林平 摄）

图7-3-9 地坑院内部（来源：薛林平 摄）

第四节 淳朴大方、含义隽永

一、建筑材料及构造

建筑材料的选择及构造形式的确立，与特定地区的自然环境与资源潜力密不可分，特别是在人类发展的初始阶段，交通与技术尚不发达，就地取材的方式形成了特定地区的构造形式。

晋南地区屋架大都采用抬梁式结构，梁架多采用圆木，

二、装饰特征及题材

晋南现存明代及以前的建筑中，雕饰比较简洁单纯，清以后雕饰的部位逐渐扩大，装饰题材增多，也更加细密繁冗。雕饰从材料上可分为木雕、石雕、砖雕三类，从技术上可分为浮雕、阴雕、阳雕三种，主要分布于斗栱、雀替、博风板、栏额、门楣、窗棂、影壁、匾额、柱础、阶石、门墩儿等部位。雕饰题材有人物、鸟兽、花草、静物，主题多为"多子多福"、"四季平安"、"松鹤延年"、"耕读传家"、"纳福迎祥"等吉祥内涵及道家、儒家的精神风貌，生动形象地体现了晋南独特的民俗民风和文化特点。

（一）木雕

　　大木结构和小木装修是一个建筑最耀眼之处，自然就成了主要进行雕饰的地方。清以前的木雕少而素，多饰黑、白、红三种颜色。清代以后，雕饰增多，凡有雕饰的部位多用红色，木柱本身用黑色（图7-4-1）。

（二）石雕

　　由于石构件应用较少，晋南古建筑中的石雕比木雕稍少一些，主要分布于柱础、门枕石、台明石和踏步石，还有一些如拴马桩、上马石、牌楼抱鼓石、石几、石凳之类建筑的附属构件上，也有高浮雕。其中柱础的雕刻最多，且形式最丰富，尤以门廊和厅房前廊的柱础为最，根据柱

础的形状采用不同的装饰方法。柱础有四边形、六边形、鼓形，同时有单层、两层、三层柱础。如多边形柱础每面雕刻一个图案，组成花卉、鸟兽或器物等一组图案。门枕石是垫托门框和门扇的石构件，大门、二门、厢房和倒座房都有门枕石，厅房因采用通间木隔扇，没有门枕石。门枕石的正前面和朝向门侧的一面都有雕刻图案，便于观赏。台明石、台阶踏步石的雕饰也都在朝前迎人的一面。柱础、门枕石、踏步石使用的位置较低，容易被碰触，雕饰手法采用浅浮雕或线雕（图7-4-2～图7-4-4）。

（三）砖雕

　　砖雕在晋南建筑中运用不多，主要在砖墙影壁上。砖

图7-4-1　木雕图（来源：薛林平 摄）

图7-4-2 柱础石雕刻（来源：薛林平 摄）

图7-4-3 门枕石雕刻（来源：钟成 摄）

图7-4-4 踏步石雕刻（来源：钟成 摄）

图7-4-5 八字影壁砖雕（来源：薛林平 摄）

图7-4-6 随墙影壁砖雕（来源：钟成 摄）

墙影壁有两种：一种是大门或二门两侧的八字影壁，一种是位于大门或二门内，正对门口的随墙影壁。其寓意也非常丰富，影壁较大的，雕有花卉、博古、人物等元素，中间有时嵌一幅菱形花饰，以卷草花卉为主。由于砖的材质较软，主要采用浅浮雕，或浮雕中间做局部高浮雕，突出主题（图7-4-5、图7-4-6）。

（四）题材

晋南古建筑中的雕刻不仅造型多样，所含内容也寓意深刻，按照题材大致可分为以下几种：

其一，祈求多子多福、吉祥如意等传统观念。如木雕中刻一个童子手执仙草，骑在麒麟上，称"麒麟送子"，刻莲花和鲶鱼称为"连（莲）年（鲶）有余（鱼）"，又如"百寿图"、"三星高照"、"三阳（羊）开泰"。

其二，表现传统的耕读为本的理想。例如"琴棋书画"、"渔樵耕读"、"博古"、"喜（喜鹊）禄（鹿）封（蜂）侯（猴子）"等图案，还有附庸风雅高标格调的松、竹、梅、菊、兰、石等"六君子"图案。

其三，反映忠孝节义的伦理道德。这一题材可以说是中国宗法社会的精神支柱，丁村雕饰中多有这类题材，如"岳母刺字"、"宁武关"、"周仁献妻"、"单刀赴会"等。这另有一些教育团结互助的题材，如有一组刻的是"鹬蚌相争"的故事，意在告诫子孙们团结一致，不要因自己内部争斗而被他人得利。

其四，各种吉祥瑞兽及神仙，如"麒麟""龙凤""狮子""大象""孔雀""猴""鱼""暗八仙""和合二仙"等以及"刘海戏金蟾"等反映商人求财的题材。

其五，各种家禽、家畜。如牛、马、羊、狗、兔、鸡等，反映农耕生活繁荣安详的景象和农民满足的心态。

第五节　耕读文化、生态智慧的晋南传统建筑

晋南历史悠久，人杰地灵；物华天宝，文物荟萃，这与河东适宜的气候与靠近中原的地理区位分不开。晋南传统建筑深受中原文化的影响，处处体现着中原文化的内涵。由于自古就比较富足，因此建筑风格精致大方，可以代表山西南部华丽的建筑风格，民居建筑非常讲究美观，注意通风与保暖，无一不是构图缜密，玲珑剔透，为古色古香的建筑，增添着锦绣和光辉。

一、对地理环境的适应

气候炎热外加多地震，是晋南地区地理环境的主要特点。

（一）隔热蓄水

建筑形式为窑洞结合瓦房。山区窑院正房多为覆土窑洞，冬暖夏凉，前部多带前廊，作遮阳与防雨之用，同时廊下作通道。正房一般为二层，上部作仓库，兼用作通风隔热，下部住人。地坑院则掘有深窖，用石灰泥抹壁，用来积蓄雨水，沉淀后可供人畜饮用。

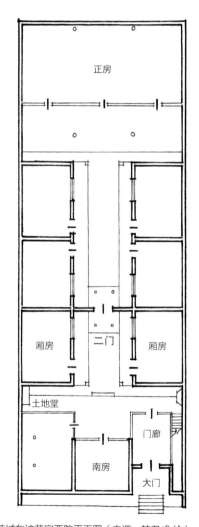

图7-5-1　芮城东沪范宅西院平面图（来源：韩卫成 绘）

院落比例狭长。由于当地夏秋两季多为高温，考虑到地方风向，民居大门及茅厕一般置于正南或西南，狭窄的庭院成为风的通道。又因为庭院为人们活动、纳凉之所，厅堂为人们祭祖和敬神之圣地，宜清洁，家庭私事又宜隐蔽，不宜暴露，便加以隔断门和影壁遮挡（图7-5-1）。

（二）抗震

除窑洞外，民居多采用中国传统的木构架建筑，结构规矩严谨，平面布局均衡，柔性好，整体刚度强，抗震性能高，屋架多采用抬梁式结构；檩长不宜过长，房间间口不得过大，主要是增强其整体稳定性，提高抗震性能。

二、对农耕文明的适应

晋南钟灵毓秀，土肥水美，自古男耕女织，安居乐业，生活富足。乡民以农为本的思想一脉相承，力事农耕，使美丽富饶的晋南平原成了山西的粮棉主要产地。供人居住的窑洞上面多为打谷场，窑洞凿洞直通上面作为烟囱。不少人家院内作粮仓的窑洞，也凿洞直通地面的打谷场，碾打晒干的粮食，可从打谷场通过小洞直接灌入窑内仓中，既节省力气又节省时间，平时则在洞口加盖石块封住。

三、对文化传承的适应

晋南古建筑深受中国封建礼制思想之影响，较之于山西其他等地，四合院的布局更为讲究，儒家的"三纲五常"等

图7-5-2　师家沟村民居（来源：薛林平 摄）

伦理观念在院落中均有安排，表现为天、地、君、亲、师等尊卑等级，各有其所。如历史上的河东地区人文荟萃，人才辈出，出现了很多名门望族，如闻喜县裴柏村，裴氏一门走出了很多文人仕宦，号称中国的宰相村。这些家族经济实力雄厚，社会地位较高，人丁兴旺，家口众多，聚族而居。因此，若干单个合院，以祖宗为上，向左右下连绵扩建，通过旁门，跨院和巷道，相互连体，组成一个半封闭的血缘区域，彼此尊卑有序，主次分明，每座宅院皆有独立的主门。即便是一般村野乡民的住宅，也是左昭右穆，内外有别。子孙后裔宅院围绕中心祖宅分布隐喻着宗支大家族的凝聚力，同时也是对宗法社会家庭的追求或崇尚。仕宦人家的宅院。另外，晋南的民间信仰比较广泛，庙宇牌坊、牌楼、祠堂在聚落中随处可见，十分繁多，一个普通村落至少也有庙宇十几座（图7-5-2）。

下篇：山西近现代建筑传承实践

第八章　山西近代建筑的传承与变革

　　与沿海地区相比，地处内陆的山西省进入近代的时间相对较晚。但1860年以后，主要以外国传教士进入山西腹地进行传教和洋务运动兴起为契机，在建筑领域，山西大地也开始进入近代这样一个以受西方建筑样式影响和受新的社会需要催生而大量产生新建筑类型为主要特征的新时代。在这个特殊的时期，山西大地上矗立起了为数众多的西式教堂、新式大工业工厂的厂房、火车站站房、新的政府机构办公楼、新式学校校舍、新式官邸和公馆等等一大批新面孔，处处彰显着这个时代的离经叛道。

　　确实，在社会政治、经济、文化剧烈变革的背景下，传统建筑已经无法完全适应新的要求；但另一方面，在社会发展的连续性影响下，更因中国传统建筑自身在诸多领域所取得的高度成就，当我们仔细考察这些新建筑时，就会发现，他们中的大多数仍深深打着中国传统建筑的烙印：不但传统的空间、传统的形式、传统的材料时时出现，甚至，连传统的精神也可以体会得到。只是，它们身上的"传统"都不再完整，而是碎片化为诸多要素，且这些"碎片"也在新的要素所提供的新语境下不断探索自身存在的方式。因之，我们可以看到传统样式与西方样式的简单并置组合，也可以看到传统建筑与西方建筑在要素层面的折中，还可以看到山西传统建筑与外来西方建筑文化在空间、技术与形式的深层融合发展。可以看出的是，传统的变迁及其与外来要素的相互关系共同构成了近代的"当下"。

第一节 西风东渐社会转型

一、受西方教会活动影响而出现的新面孔

　　1844年清政府对天主教开禁以后，随着天主教传教士的传教活动逐渐深入，处在内地的山西也开始出现了西式教堂和修道院，如建于1859年的长治高家庄若瑟堂和建于1893年的太原方济各修道院；光绪初年（1875～1878年）席卷整个山西的"丁戊奇荒"发生后，以李提摩太为代表的新教在积极参与赈灾的同时也深入到了晋南等山西腹地地区，除建立起了数量众多的西式教堂建筑外，还先后建设过多所教会医院、教会学校等公共建筑，如建于清宣统元年（1909年）的太谷铭贤学校等。由于山西各地的教会活动一直较为活跃，这种现象一直持续到民国时期，建于民国4年（1915年）汾阳铭义学校和建于民国20年（1931年）的大同许堡天主堂等（图8-1-1、图8-1-2）。

　　这些教会建筑，一方面，是以传播基督教教义为宗旨，因此，以西方建筑式样为主；另一方面，其建筑式样又受到不同时期环境条件的较大影响：如1844年之前，由于处于禁教时期，山西境内虽已有天主教修道院建筑，但仅以民居充任；1844年之后，教堂建筑多以西方建筑形式为主，但在1900年前后连续发生教案和教难的背景下，教会建筑则转而开始注重吸收中国传统建筑的形式；至1919年11月，罗马教廷发布了"夫至大"通谕，要求传教士尽量与本地的文化和社会相融合，特别是1924年"第一届中国教务会议"之后，中国天主教开始了"本土化"运动，教会建筑也进入了"本土化"时期，其主要表现，就是吸收中国传统建筑的形式。如建于1942年的垣曲土岭圣若瑟堂和建于民国20年（1931年）的大同许堡天主堂，特别是后者，除塔楼外，其余部分均明显带有中国传统建筑的特征：从坡屋顶到雕花脊饰，从墀头到踏步等细部的做法，均采用了当地传统建筑的做法。

图8-1-1　太原方济各修道院鸟瞰图（来源：耿思雨 改绘）

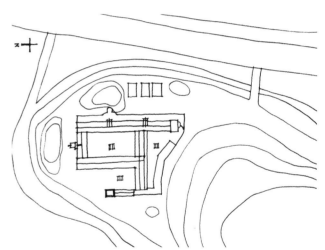

图8-1-2　太原方济各修道院总平面图（来源：耿思雨 改绘）

二、因新功能要求而出现的新类型

　　除教会影响外，近代社会本身在政治、经济、交通、医疗、文化教育等领域的巨大变迁也直接催生了新的建筑类型，以新兴的工业建筑、交通建筑和教育建筑等最为令人瞩目。这些新的功能类型是传统社会所没有的，不但在建筑功能布局方面发生了较大变化，更因新型的机器设备、人流集散组织等使用功能往往要求较大的空间跨度，

因此，传统的建筑形式已不能很好地适应其对空间的要求，因此，必然要求与建筑功能要求相符合的新的表现形式；另一方面，这些新建筑，在设计、施工各环节又不能完全脱离具体环境条件的制约，尤其是材料和结构技术方面，难以发生突飞猛进，这就要求其在一定程度上必须采用传统的建造技术来解决新问题。

在以上两方面因素的制约下，山西近代出现的这些新建筑类型表现形式多样，既有受西方影响较多的，也有主体采用中国传统建筑形式、在细部吸收西方建筑式样的，还有全部采用中国传统建筑形式，但在空间、功能布局等方面做了适应新功能处理。如建于1899年的太原火柴局，就是全部采用传统建筑式样的典例：从组群布局和单体建筑等方面看，该建筑与传统居住合院完全一致；但从厢房建筑进深增大至与正房相近、屋身高度较高等方面考察，则会发现该建筑已做了适应新功能的处理。再如建于1906年的平定县娘子关火车站，不论从功能布局、体量配置还是建筑细部等方面考察，都能发现西方建筑形式的较大影响。至

于介于这两者之间的，案例较多，不胜枚举（图8-1-3～图8-1-5）。

值得注意的是，西方建筑文化也渗透到山西近代住宅建筑中来，有的是局部吸收西方建筑细部，有的是局部采用西方建筑式样，而近代公馆建筑则较多采用西方建筑形式。（图8-1-6、图8-1-7）

总的来看，在教会和新的功能要求等因素的促动下，与传统建筑相比，山西近代建筑发生了深刻变化，同时，这种变革化又与传统有着千丝万缕的联系，概括起来，可以分为以下三个过程：传统样式与西方样式的并置，传统要素与新要素结合的尝试，传统要素与新要素的融合。其中，前两种都是传统与新的建筑语汇交汇的中间过程，总体上看，相关建筑作品属于折中风格；后一种则是发展相对成熟的建筑表现形式，可以视之为中国版的新古典主义或古典复兴，除了建筑风格外，还包含着材料及结构技术等方面的深层整合和创新。因建筑的发展不是线性的，因此，这三个阶段仅是逻辑上的，也可以将之视为三种类型。

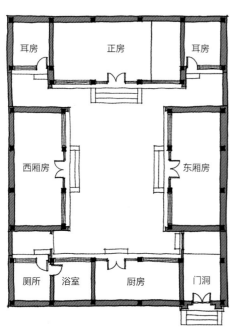

图8-1-3 太原火柴局平面图（1899年）（来源：耿思雨 改绘）

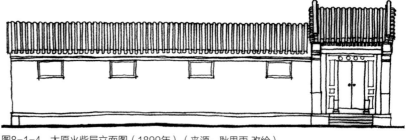

图8-1-4 太原火柴局立面图（1899年）（来源：耿思雨 改绘）

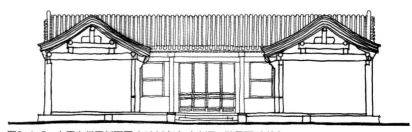

图8-1-5 太原火柴局剖面图（1899年）（来源：耿思雨 改绘）

图8-1-6　民国时期浑源西式住宅门楼（来源：郭华瞻 摄）

图8-1-7　太原市南华门阎公馆（来源：郭华瞻 摄）

第二节　样式拼贴中西并置

在西方建筑样式传入的早期，是以整体样式的形式出现的，因此，西方建筑的影响最先体现在样式方面，无论是在教会建筑还是在居住建筑中均如此。这是因为，作为完全不同的营造体系，在相互接触的初期，相互了解还较少，还不能产生要素层面的折中或者深度的融合，因此，这一时期的建筑主要表现为传统要素和新要素的整体并置、拼贴，具体又可分为传统样式为主的拼贴和西方式样为主的拼贴两种。

一、传统样式为主的拼贴

传统样式为主的拼贴主要出现在居住建筑和一部分民族资本的工商业建筑中，均可视为民间自发的吸取外来样式的主动行为。这种拼贴，就居住建筑而言，无论就组群布局还是主体建筑来看，主体仍然是山西传统建筑，在此基础上，吸收了外来的一些表现力较强、较新颖的单体建筑，主要是大门、二门等门；就民族资本的工商业建筑而言，虽然是新的功能，但其主体的建筑形式仍是传统的，同样在大门、门面等部位引入了西方式样，凸显了时代的特征。

典型的如建于1900年的孝义窑上村任家院，院落组群布局、正房等主要单体均为当地传统建筑式样，但整座院落的大门外立面却采用了西方建筑式样，显得标新立异。再如建于1916年的孝义旧城尚家院，组群布局方面同样不出当地传统建筑的格局，但大门的外立面以及过厅建筑，却较多吸收了西方建筑的式样，尤其是大门山花细部等处。同样情况发生在山西各地，如大同，近代以来新建的民居建筑中多有西方式样的大门等单体建筑（图8-2-1～图8-2-4）。

民族资本的工商业建筑中，这种现象更加突出。典型的如建于1916年的平遥金井火柴公司，从组群布局方面看，仍然是用传统的院落空间来满足这种新类型的功能要求；从单体建筑方面来看，主要单体建筑仍为采用当地传统建造技术建造的传统式建筑；为适应新的功能要求，组群布局的具体方法以及单体建筑的具体尺度均与传统的居住建筑或公共建筑不完全相同，显然是做了适应性变通；其大门却采用了西方建筑式样，从而形成了其独特的时代特点。再如建于1927年的新绛大益成纺织厂，其清花车间、纺纱车间、动力车间等建筑虽然也采用了坡屋顶瓦屋面，但在具体的建筑形式方面已经做出了适应工艺设备要求的变通；其办公区会议室等建筑则采用了传统建筑式样。整体上看，该厂的建筑表现为拼贴的特征（图8-2-5）。

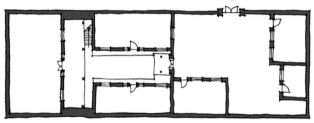

图8-2-1　孝义窑上村任家院组群平面图（来源：耿思雨 改绘）

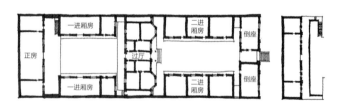

图8-2-3　孝义旧城尚家院组群平面图（来源：耿思雨 改绘）

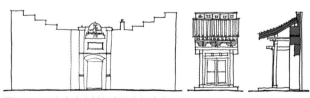

图8-2-2　孝义窑上村任家院大门（来源：耿思雨 改绘）

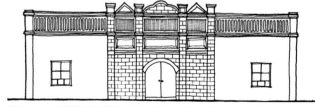

图8-2-4　孝义旧城尚家院大门立面（来源：耿思雨 改绘）

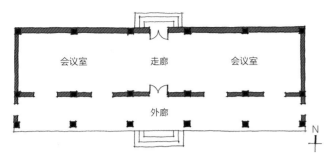

图8-2-5 新绛大益成纺织厂平面图（来源：耿思雨 改绘）

从以上事例可以看出，近代以来，山西民间社会对西方建筑式样的吸收是主动的，且在山西各地普遍存在。这种吸收，一方面主要着眼于建筑样式，另一方面，建筑的主体仍然传承着当地的建筑文化，主要表现在组群布局、重要单体建筑、空间尺度等方面。这种吸收西方建筑式样的潮流，正清晰地表明了民间社会立足本土、兼收并蓄、为我所用的开放心态和文化自信，值得深入思考和学习。

二、西方样式为主的拼贴

在教会建筑、新兴的交通建筑以及部分工商业建筑，尤其是城市商业建筑中，出现了一大批西方建筑样式为主的拼贴形式。就教会建筑而言，这种现象之所以发生，主要是教会力量、设计人员及施工技术、材料等方面的限制，不得不采用当地的材料和技术来建造；就交通建筑而言，则因其受外国资本控制较多，设计、施工等方面一般均由外国人把持，故建筑样式一般以西方式样为主；就工商业建筑而言，则主要是因标新立异的心理而引入西方样式的现象，如在城市商业建筑中，在追求新奇的心理下，因铺面是较为珍贵的资源而较多地引入了西方建筑式样以招徕顾客。

教会建筑中典型的如建于1859年的长治高家庄若瑟堂、建于民国时期的临县高家塌天主堂，二者均以塔楼为主，采用西方建筑式样，而在其余部分，则忠实地采用了当地传统木构建筑或窑洞建筑形式，二者较为生硬地并置在一起；而建于1920年的田家庄圣母堂，则在当地传统的锢窑建筑基础

上，重点在窑脸部位做了西方样式处理，使其整体形象具有强烈的西式特点，可以视作是在当地传统建筑上拼贴了西式的立面。

工商业建筑中较为典型的如约建于1919年的河北第一毛织公司太原营业处大楼，建筑立面的各部分，包括柱廊、栏杆等处均采用了西方样式，顶部复加一道西式牌楼门，门后则拼贴了一座体量较小的当地传统建筑藏在后面，整体表现为西方式样为主的拼贴。再如同样建于1919年前后的太原晋裕汾酒公司、华昌像馆、义顺昌商号等城市商业建筑，在商业铺面的处理上，则极力引入西方式的山花、柱子等西方式样。再如建于1922年的榆次晋华纺织厂，其厂区大南门、厂部联合会议室等主要建筑均采用西方建筑式样，而其库房、纺纱和机修车间则因使用了较为传统的材料而具有传统特征，但也经过了适应生产工艺和设备要求的变化，整体上表现为西方建筑式样为主的拼贴形式。

无论是哪种样式为主，这种"拼贴"均是以样式为基础和目标的；且虽然并置，但两种建筑样式之间仍然壁垒森严，只是限于具体的环境条件，不得不做变通而已，因此，整体表现仍然较为生硬。这是建筑文化交流初期的典型现象。

第三节　要素折中新老对话

在传统建筑与西方样式相互影响一段时间后，开始从单纯的样式拼贴过渡到要素组合的新阶段。在这一阶段，无论传统建筑还是西式建筑，均被要素化为屋顶、塔楼、窗、阳台、立柱、栏杆等要素，不同的要素开始在同一座建筑上同时出现，因而出现了中西合璧式的新建筑，其实质，则是山西传统建筑与西式建筑在语汇、即要素层面的碰撞和对话，赋予了这一时期的建筑以强烈的折中意味。具体而言，仍可根据对建筑整体表现力控制程度的不同分为传统要素为主的折中和西式要素为主的折中两种情况。

一、传统要素为主的折中

这种折中形式的主要特点，是传统要素在建筑表现中起到整体组织或形象控制的作用，虽引入了西式建筑的要素，但这些要素居于从属和次要地位，从而整体上表现为传统的延续。主要的表现有四方面：（1）建筑组群布局方式采用传统形式，主要单体建筑局部引入西式要素；（2）虽引入的西式建筑元素较多，但在建筑整体造型方面屋顶突出，起到控制建筑形象的作用；（3）建筑主要立面采用传统木结构，装饰等细节沿用传统做法；（4）建筑主体采用传统建筑形式，但在使用方式和细部等方面做了适应新功能的调整。

典型的实例如建于清末的祁县长裕川茶庄旧址，组群布局仍采用晋中地区窄院的形式，但主要单体的窗套则采用了西式要素，厢房建筑则采用西式平顶建筑，顶部加西式栏杆；最有趣的是其大门外侧的坊墙，整体造型类似铺面坊，虽立柱柱头部位采用了西式元素，但柱础石、仰覆莲座等传统要素则起到了控制整体形象的作用，尤其是大量的门楣书卷、狮子滚绣球等传统石雕装饰细节，使其整体上仍体现为对传统的传承。再如建于1915年的太原书业诚，为祁县渠仁甫先生创办的书店兼寓所，整体格局一如晋中地区传统院落，虽然建筑正房不再是传统的窑洞或窑上楼，而是西式的二层建筑，立面上也引入了扁券及窗套等西式要素，但整体上仍体现为传统要素为主的折中形式。

再如建于1900年的太原博爱医院、建于1903年的大同育贞女校、建于1930年的并州大学、汾阳基督堂以及建于1914年的汾阳铭义学校等建筑，虽然在立面上使用了大量的尖券窗等西式要素，但传统形式的歇山、悬山等屋顶形式表现突出，建筑整体造型仍受传统形式的屋顶牢牢控制；建于1905年的劝业楼不仅采用传统形式的屋顶，且在立面上也大量使用传统木构柱廊、栏杆及雀替等细部装饰，虽然整体建筑进深较大、山面开窗等做法并非传统特点，但整体建筑形象仍强烈地表现为传统的延续；而建于1900年的霍州刘家庄圣母堂、建于1914年的晋源基督教堂以及民国时期的霍州基督堂，虽为教会建筑，但屋顶屋脊、屋面等均采用传统形

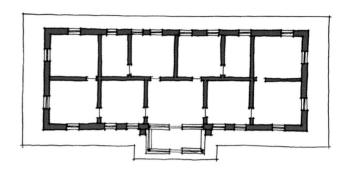

图8-3-1　大同育贞女校平面图（1903年）（来源：耿思雨 改绘）

式，仅仅是在山面开券洞门或增加部分西式装饰以适应教堂的功能要求（图8-3-1）。

二、西式要素为主的折中

这种折中形式的主要特点，是西式要素在建筑表现中起到整体组织或形象控制的作用，虽存在传统建筑的要素，但这些要素居于从属和次要地位，从而整体上表现为西方建筑文化的影响。主要的表现有四方面：（1）建筑体量构成方式采用西方形式，重要建筑部分均保持西方要素；（2）虽采用传统屋面做法等传统建筑要素，但在建筑整体造型方面屋顶作用不大，起控制建筑形象作用的仍为建筑立面；（3）建筑主要采用砖石结构，建筑细部采用较多西式要素；（4）虽采用传统建筑要素，但这些要素多被拆解而碎片化，彼此孤立，不成系统。

典型案例如建于1885年的忻州三家店福音堂，整体建筑体量组合关系采用中间突出、两翼对称且起辅助作用的典型西式教堂建筑构图，虽然各部分屋顶均采用传统凹曲屋面形式和技术，材料也采用的是当地的青砖，但整体仍表现为西式要素为主的折中。类似的例子还有建于1884年的襄汾黄崖天主堂和建于1903年的武乡上司村西满达陡堂等，其中，建于1931年的大同许堡天主堂较为典型。该建筑平面布局符合教堂建筑的功能要求，表现力最突出的塔楼部分采用西式建筑要素，主体部分的门窗形式也大量采用西式建筑要素，虽然屋顶部分较多采用了传统建筑的要素，但整体上仍较好地

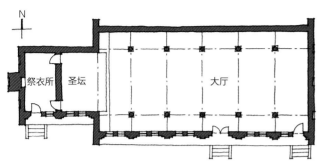

图8-3-2　大同许堡天主堂平面图（来源：耿思雨 改绘）

表达出了教堂建筑的特点，因此属于西式要素为主的折中。更为典型的还有建于1897年的忻州大堡沟圣母堂，虽然其塔楼及副翼均采用中国传统的要素，但因整体的体量组合关系仍遵循西方教堂建筑的规律，因而仍属于西式要素为主的折中形式（图8-3-2）。

传统建筑的要素碎片化、孤立化的例子更多，较有代表性的如建于1906年的太原晋新书社，该建筑位于城市街道拐角处，建筑转角处做弧形处理，且于拐角处屋顶作出加强表现力的细部，立面开简洁的竖长方形门窗洞口，整体建筑表现以西方建筑要素为主；于二层通过木结构悬挑出的连续阳台和上部屋檐使其具有一定的传统要素，但居于次要地位。再如建于1909年的汾阳基督教广智院，整体的体量构成和组合关系均采用西方砖石建筑的要素，仅在两侧塔楼的二层楼顶处施小的传统式木构屋檐，在这里，传统建筑的要素仅剩下翘角的屋檐。

有些建筑，虽然采用了山西传统建筑的屋顶等关键要素，但这些要素对建筑形象的控制作用较弱，对形象起主要作用的建筑立面，这也属于西式要素为主的折中。如建于1905年的大同某基督教办公楼、民国时期的交城县东关街某店铺以及建于1904年的普润中学等，建筑屋顶在整个造型中所起的作用已相当微弱，尤其是普润中学，突出的门厅塔楼部门屋檐弱小，仅起到了分层标识的作用，未能影响到建筑的整体形象。至于建于1916年的三十里铺当铺，则将采用当地传统屋面形式的部分完全藏在背后，西式建筑立面作为整个建筑的主立面临街设置，对建筑形象起到了控制的作用。

第四节　融合发展孕育新生

在大量实践探索的基础上，山西的近代建筑终于从样式的拼贴和要素的冲突与对话过程中吸收了足够的营养，通过材料、结构与构造技术的进步，最终发展出了具有时代意义的建筑风格，这就是新古典主义式的新建筑：既保留了传统式的主要特征——屋顶，又在空间构成、平面布局、立面形式、结构、材料和构造诸方面发展出了一系列符合功能特点和材料性能的新手法。

一、材料、结构和构造技术的新发展

技术进步是建筑形式演变的基础和先决条件，且其同时也受建筑自身功能要求改变的促动。与传统建筑相比，山西近代建筑的改变主要在以下五方面：（1）建筑功能变化较大，要求更复杂的平面布局和更大的空间。（2）受建筑功能的制约，单体建筑的进深、面宽普遍加大，原有的屋架构成技术不再能满足新的建设需要。（3）建筑层数普遍加高。传统建筑中虽有二层或多层的楼阁，但并不普遍。（4）建筑材料变为以砖石为主。（5）建筑的装饰较少采用费工费料的传统木雕、石雕及砖雕，转而主要通过立面来塑造建筑形象。以上几方面变迁，使得传统的建造技术，无论是材料、结构和构造均无法很好地适应新的创造空间和表现形式的需要，直接催生材料、结构及构造技术的发展。

材料方面，主要采用砖石材料。但与传统建筑中砖石多用做维护结构不同，山西近代建筑中的砖石多用于砌筑承重墙体，自重很大，墙上开门窗洞口时就需要注意上部荷载，因此，门窗洞口的上部结构就多采用半圆券、尖券、扁券等受压形式，不再采用传统建筑中普遍采用的木过梁或石过梁，建筑立面因此带有了鲜明的时代色彩。此外，砖石材料也常被用作砌筑壁柱等柱子，这也区别于传统建筑中惯常采用的整根天然材料制作的木柱、石柱等（图8-4-1~图8-4-4）。

结构方面，除墙体外，主要是屋顶结构的变化较大。

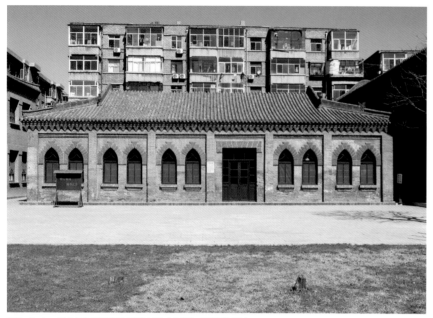

图8-4-1　省立国民师范图书馆立面（来源：郭华瞻 摄）

图8-4-2　省立国民师范图书馆细部（来源：郭华瞻 摄）

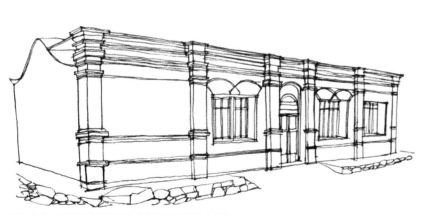

图8-4-3　三十里铺当铺透视（来源：耿思雨 改绘）

图8-4-4　民国浑源某民居的砖券及柱（来源：郭华瞻 摄）

按照传统的屋架制作方法，一方面，无法实现较大的空间跨度，另一方面，逐渐变陡的屋面也无法适应大进深的建筑单体。因此，在厂房、学校等建筑中，木桁架被广泛采用。如建于1914年的太原兵工厂库房、建于1919年的西北机械厂车间以及建于1930年的中北大学校史馆等均是如此（图8-4-5～图8-4-7）。

构造方面，除了门窗洞口处以外，最主要的变化还发生在屋顶与墙体的交接处理上。传统建筑的屋檐主要靠椽子挑出，但近代建筑的屋檐处理已经出现了新的形式，即通过砖来封檐的做法，因减小了檐口出挑，屋檐就不再突出，而是让位于外立面，从而使得建筑外立面更加突出（图8-4-8）。

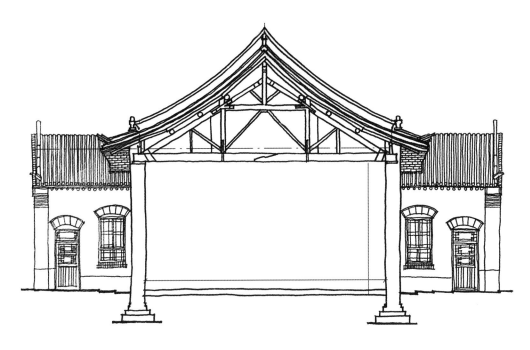

图8-4-5　中北大学校史馆剖面图（1930年）（来源：耿思雨 改绘）

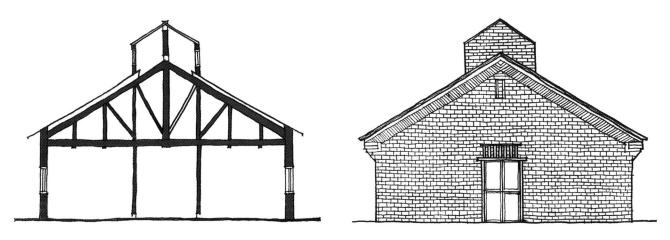

图8-4-6　西北机械厂车间剖面及侧立面（1919年）（来源：耿思雨 改绘）

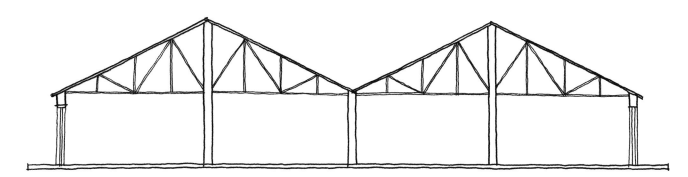

图8-4-7　太原兵工厂库房剖面图（来源：耿思雨 改绘）

图8-4-8　山西省立国民师范图书馆檐口处理（1919年）（来源：郭华瞻 摄）

二、建筑形式的新表现

在技术进步的背景下，无论是传统的建筑要素还是西式的建筑要素，均发生了适应山西当地环境的变异，并且配合得法，组织有序，逐渐形成了新的时代样式：新古典主义样式。这种建筑样式的主要特征是：（1）采用中国传统建筑中最具表现力的屋顶形式，并且屋顶在整个建筑形象的构成中作用突出。这时候的屋顶，可以采用凹曲屋面，也可以采用直坡屋面，但其内部结构框架多采用桁架而不用抬梁。（2）建筑立面成为建筑形象构成的重要部分，一般为砖石砌筑的承重墙体与其上所开的门窗洞口，共同构成立面。（3）建筑细部一般不采用传统的木雕、石雕、砖雕等雕刻，主要以门窗券洞、壁柱、墙体转折处的细部处理等来塑造。（4）建筑整体注重体量组合，院落空间弱化，单体建筑相对

突出且立面构成以对称式为主。总的来看，这种新的建筑样式既保留了中国传统建筑的主要造型特征，又吸收了西式建筑以单体为主、重立面的特点，形成了一种进步的、成熟的建筑样式。值得注意的是，从构成建筑的要素角度来看，仍能看出其是传承了中国传统建筑的特征还是受西式建筑文化的影响，但各要素之间已是在符合材料、结构及构造逻辑的基础上配合得当的关系，也就是说，又经过了整合，因而孕育形成了新的风格样式。

需要说明的是，这种探索也不是一蹴而就的，同样经历了由不成熟到成熟、由不完善到完善的历程。较早的实例主要包括建于1889年的汾阳医院、建于1906年的太原耶稣教医院等个案，均采用中国传统的屋顶形式，但建筑层数、进深、体量等受新功能制约的方面则按功能要求进行配置，建筑立面较为突出，多采取对称布置，整体上已具备新古典主

义建筑的主要特征。

最具代表性的则是1909～1937年之间陆续建成的太谷铭贤学校，该校曾经近代著名的建筑师墨菲（Henry K. Murphy，1877～1954年）于1932年在原有格局的基础上完成了新的规划，并陆续建成了一系列建筑。从现存的韩氏楼、亭兰图书馆等建筑来看，均符合墨菲所设定的"与西方功能相适应的中国建筑形式"，但与真正的山西传统建筑相比，已经发生了较大变化，因而成为新古典主义的代表作之一（图8-4-9、图8-4-10）。

其他较为典型的实例还包括建于1914年的太原机器局办公楼、建于1921年的大同山西省立三中、建于1924年的大同首善医院以及建于1930年的中北大学校史馆等建筑。其中，建于1919年的太原省立国民师范，校园规划本身就是轴线突出、对称布置的，其位于轴线上的重要单体也是集中反映了近代山西新古典主义建筑的发展成果（图8-4-11）。

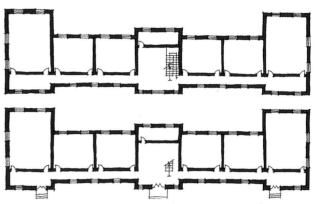

图8-4-9　太谷铭贤学校韩氏楼平面图（来源：耿思雨 改绘）

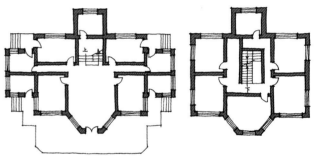

图8-4-10　太谷铭贤学校西教员住宅平面（来源：耿思雨 改绘）

图8-4-11　省立国民师范（1919年）（来源：郭华瞻 摄）

第五节　中西合璧、体用兼备的山西近代建筑

纵向地看，山西近代建筑的发展历程，就是在时代变迁的背景下传统建筑文化与外来建筑文化冲突、对话与融合发展的过程。在这一历史过程中，可以看出以下三个主要特点：

（1）近代建筑仍然深受环境气候的影响。由于这一时期尚未发展出空调等设备，近代建筑仍需要采用传统的技术来获得相对舒适的室内环境，因此，在较为寒冷的地区仍需要采用较厚的外墙等一系列手段来应对环境气候特点。

（2）样式在建筑文化交流过程中扮演了主要角色。作为建筑文化的代表，样式既成为民间社会争相仿效的重点，又成为官方主导的建设中所重点考虑的方面。

（3）功能、材料与构造是推动样式转变的关键因素。

近代建筑功能的较大改变以及材料、构造的发展变化均深刻地影响到了建筑的表现，推动了建筑样式的时代发展。

从整体上看，山西的近代建筑表现为传承与变革共存的特点，其中，变革是主旋律，但变革的成果，是在吸收了传统与新要素的基础上形成了山西建筑的时代发展，既是对传统建筑的扬弃，又是对外来西式建筑文化的扬弃。

第九章　山西现代建筑发展概述

　　山西现代建筑的发展和新中国的时代脉搏紧密相连。以改革开放为界，其脉络可分为两个阶段。改革开放前，受政治、经济等特殊条件的限制，近代建筑风格急速转向，集体经历了先仿苏联风格、再去苏联风格的重大洗礼。这为山西建筑带来了新面貌，但同时也延缓了根基未稳的现代主义的进一步发展。改革开放后，随着市场经济的繁荣，主动交流的增多，风起云涌的国际建筑思潮迅速传入，山西建筑百花齐放。但总体上实践先行、理论滞后，水平参差不齐。经过一段时期的摸索徘徊后，广大建筑师开始重拾文化自信，注重本土化、地方化，力图创造新时期的山西地域建筑。

第一节　1949～1976年：现代主义与苏联风格

一、国民经济恢复时期

（一）时代背景：经济紧张、文化合作

"一边倒"的外交方针——新中国成立伊始，政治军事方面，内有国民党残余势力的破坏，外有以美国为首的西方国家威胁，朝鲜战争的爆发更是雪上加霜；生产经济方面，内部生产力濒临崩溃，外部帝国主义国家采取敌视、封锁政策。面对这样的局面，我国采取了"一边倒"的外交方针，与苏联缔结《中苏友好同盟互助条约》（1950年），双方在政治、经济、军事、文化等领域展开全面合作，以保障国家和平稳定地进行战后重建。

这一时期的山西省被列为重点发展建设的省份之一，其中太原、大同、阳泉为重点建设城市，主要发展工矿业，广大乡村则无暇顾及。因此，工业建筑成为这一时期主要的建筑类型，包括厂房、仓库以及配套的职工住宅和生活服务设施。其他类型的公共建筑因经济条件有限，多在已有建筑基础上改扩建而成，新建量不大，以办公、商业、礼堂建筑为主。

以太原市为例，由于其良好的重工业基础，新中国成立后迅速恢复生产，从1949年10月起便有苏联专家前来援助西北钢铁公司的恢复。1950年中苏同盟条约签订以后，太原第一热电厂（第一期）、太原化工厂和太原氮肥厂成为第一批援助项目。其他如太原硫酸厂为委托苏联设计；太原重型机器厂虽然是我国工程技术专家（建国前后的归国留学生和工程师）自主设计的第一个大型企业，但苏联专家给予了极大的帮助。旧有厂矿改扩建项目也受到苏联专家的影响。纵观整个太原化工区的筹建，从厂址选择到勘察设计，都离不开苏联专家的全方面援助。

（二）建筑风格：中西与中苏的折中

当时的设计队伍由苏联或东欧专家、留学归来人员、传统匠人等多种成分组成，建筑风格也并不统一。

建设量最大的工业建筑，受苏联建筑风格及建筑方针影响较大。厂房和住宅常常采用简单的定型设计，大量的预制件，工业化的拼装方法，造价低廉，简装饰或无装饰，表现出来的风格形式统一，个性较弱。如太原重型机械厂厂房、阳泉市晋东化工集团职工宿舍楼等。工厂办公楼则采用通长体块与中心较高大的方正体块搭接，呈现出轴线对称的布局，突出中央，如太原重型机械厂厂办大楼。这一时期的装饰多采用三角形山墙、旗杆、五角星等元素，这些均来源于20世纪三四十年代，苏联建筑师为了配合当局彰显社会主义精神所做的符号探索（图9-1-1、图9-1-2）。

重要公共建筑，一方面延续民国时期传统与现代的折中，一方面又受到苏联建筑风格的影响，类似于为简化版的"斯大林式古典主义"。虽然采用了现代主义建筑的新型结构（框架或砖混），工业化的标准构件，平屋顶，无装饰或简装饰等，但轴线对称突出中央的平面布局，入口处的大尺度内凹柱廊、窗间墙的细部雕刻，这些都是古典主义创作

图9-1-1　太原重型机械厂厂房（来源：中国建筑史图说 现代卷）

图9-1-2　太原重型机械厂厂办大楼（来源：《太原现代建筑风格的发展与演变》）

手法。

旅馆建筑因为不具有太多政治意义，且为了解决外事接待工作需求，设计更加灵活有所突破，现代主义风格得以发展。如太原旅馆，无论是平面还是立面布局都更加自由，打破了一贯的轴线对称，而是采用体量穿插组合，主次关系明确，虚实处理得当。大阳台部位的镂空雕花则体现了建筑师对传统文化的融入（图9-1-3）。

有意思的是，各地礼堂建筑因其解放初期喜悦精神的彰显而别开生面，往往是结合当地传统、多种风格的混搭，但彼此之间依然保持共同的建筑意象，如轴线对称，强调装饰的立面（中部小山墙、五角星、火炬、革命口号等），表达庆祝胜利的美好意愿。

如潞城市人民大礼堂，是近代折中主义与当地传统风格的结合，平面为五开间，立面做三段式划分，既有西式柱式、拱券，又有中式柱础。大门延续了近代山西中西合璧的做法，既像是巴洛克风格，又像是当地传统的八字影壁大门。只是材料使用和装饰元素上有所更替，如牌匾和影壁的位置换成了当时盛行的拉毛水泥做背景，并写有革命口号。柱子顶端装饰为火炬和五角星（图9-1-4、图9-1-5）。

二、第一个五年计划

（一）时代背景：经济起步、文化移植

"优先发展重工业"——在第一个五年计划"优先发展重工业"方针的引导下，确定将山西逐步建成为重工业区，

太原、大同两市建成为两个新兴工业城市。省政府迅速制订了基本建设机构、设计、施工、材料供应、运输、工资等6个方案，以适应大规模建设的需求。规划层面，迅速进行了以重工业为主的规划和建设，而这主要是借鉴苏联和东欧一些国家的做法。建筑层面，苏联在帮助中国完善"一五计划"、支援计划实施的过程中发挥了重大作用，尤其是援建156项重大工程等。因此，苏联风格的工业建筑及其配套生活设施依然是主要建筑类型，同上一时期相比，新增了工人俱乐部、文化宫等建筑类型。

教育体系调整——各地市的大学、中学、师范类学校开始起步发展，科教文卫类建筑数量增多，以教学楼、影剧

图9-1-4 潞城市人民大礼堂（来源：石玉 摄）

图9-1-5 潞城市人民大礼堂大门（来源：石玉 摄）

图9-1-3 太原旅馆（来源：《太原现代建筑风格的发展与演变》）

院、礼堂和图书馆为主。商业建筑、办公建筑、医疗建筑、旅馆建筑、体育建筑数量虽有所增加，但所占比例较低。

反浪费和冒进问题——由于任务繁重，速度过快，建设单位人员剧增，建设过程中不断出现各种问题，重量不重质。1953年中期，山西省委就召开过会议决定采取紧急措施，保证施工质量。1955年中期，山西省委召开基本建设会议，确定迅速开展基建中的反浪费斗争。1956年由于提前完成了部分"一五计划"的建设指标，又出现了建设中的急躁冒进问题。

总体而言，这一时期山西省城市建设有了较大发展，建筑设计队伍不断增多，设计院相继成立，建筑实力也位居全国前列，1957年还曾在山西省召开建筑业先进经验交流会。

（二）建筑风格：苏联风格的移植与模仿

这一时期，苏联建筑理论对山西省乃至全国的影响直接加深，但同时也是苏联建筑理论自身发展的重大转折点。1955年，苏共中央颁布了一系列决议，批评、消除基本建设中求繁琐装饰、铺张浪费的现象，严厉批评了建筑设计中"不必要的过分装饰、牵强附会的装潢和毫无批评的对待遗产"、"盲目地抄套过去的建筑范例"、"从过去的建筑中剽窃"的唯美主义、形式主义手法。苏联建筑开始逐渐转向工业化，更多地注重功能、技术的理性主义和工艺主义，开始广泛采用定型设计、标准构件与装配式建筑，提倡建筑的大量性和经济性，回归到发扬材料技术的现代主义道路。

因此，中国同苏联国内一样，存在着奢华的斯大林式古典主义与简易的现代主义建设平行前进的景象。一方面，在某些重要公共项目上推行"社会主义现实主义"的创作原则和苏联新古典主义，如一字形、凹字形或"蛤蟆式"平面布局，注重对称、均衡和轴线，中间突出、平面凹进，超人尺度的古典柱廊和台阶，檐口线脚丰富，平屋顶或三角形山花

等古典形式，细部装饰结合民族特色、社会主义现实主义的雕塑和壁画，广场中心塑造巨大的领袖雕像等。

以工人文化宫为例，用舒展的新古典主义柱廊联系两侧的功能空间，构图方式与北京展览馆有些神似。立面采用古典通高的壁柱、巨型石墩、檐口线脚等，壁画与浮雕则被国徽、红旗、红星、旗杆替代。再如宽银幕电影院，采用石材立面、突出的檐线、塔楼尖顶、具有纪念意义的装饰，具有西方建筑评论界定义的"莫斯科的生日蛋糕式"①的影子。其他代表建筑如晋西机器工业集团行政办公楼、阳泉邮电大楼、山西工程职业技术学院综合实验楼、太原理工大学电机馆、省军区礼堂、星火俱乐部、人民电影院、机车俱乐部、长风剧院、新建路礼堂等（图9-1-6~图9-1-9）。

另一方面，在大规模的建设过程中，建筑设计方针由1953年的"以适用、经济、美观为原则"，转变为1955年的"适用、经济，在可能条件下注意美观"。因此，一部分项目装饰被大大简化或取消，以便进行最快速度和最低造价的建造，如苏联援建的汾机重工5号办公楼、太重苏联专家楼，以及山西省在模仿苏联风格的基础上，依靠自己的力量勘察设计的一批中小型项目，如山西大学主楼，反映了当时的建筑技术水平，平屋顶，立面梁柱纵横交叉，外墙面采用当时流行的水磨石粉，简洁朴素。值得注意的是，楼的正立面入口竖有六根红色立柱，台阶扶手也饰以红漆，颇有民族风格（图9-1-10~图9-1-12）。

（三）建筑风格：新技术下的现代主义延续

随着材料技术的进步，现代主义在体育建筑、商业建筑中有了局部发展。如山西大学体育馆，整体采用当时的新结构、新技术，创造了大型室内空间，是典型的现代建筑，平面布局有苏联建筑风格的影子，中央突出、两翼对称。太原五一百货大楼是山西省早期钢筋混凝土框架结构的建筑之一，平屋顶、女儿墙收头，简洁流畅的横向线条与纵向线条

---

① 指外形呈阶梯状的样式，形似生日蛋糕，曾多用于富丽堂皇的"斯大林哥特式"公共建筑，代表建筑如苏维埃宫。

图9-1-6　太原市工人文化宫（来源：王鑫 摄）

图9-1-8　太原理工大学电机馆（来源：王鑫 摄）

图9-1-9　太原市省军区礼堂（来源：石玉 摄）

图9-1-7　太原市晋西机器工业集团行政办公楼（来源：《太原市历史街区历史建筑名录》）

图9-1-10　太原市汾机重工5号办公楼（来源：《太原市历史街区历史建筑名录》）

图9-1-11　太原重型机械厂苏联专家楼（来源：石玉 摄）

图9-1-13　山西大学体育馆（来源：王鑫 摄）

图9-1-12　山西大学主楼（来源：王鑫 摄）

图9-1-14　太原市五一百货大楼（来源：网络）

形成鲜明对比，与之类似的还有晋中市榆次区第一百货大楼。太原市五一路新华书店建筑入口则抛弃了常用的柱廊或山墙，别具一格（图9-1-13、图9-1-14）。

三、"大跃进"、"大调整"时期

（一）时代背景：经济挫折、文化搁浅

反浪费反保守运动——1958年，中共中央发动了一场全国性的政治运动，持续半年之久。"全国各省市建筑设计部门在伟大的反浪费反保守运动中批判了建筑设计中的高标准及保守思想，设计人员思想大大提高了一步，认识到在我们设计工作中必须把政治与经济、技术结合起来。社会主义生产'大跃进'中，热情空前高涨，大家开动了脑筋，发挥了积极性和创造性，根据中央'勤俭建国''多快好省'的建设方针，深入研究，集体创作，涌现了一批造价较低，又能满足使用要求的设计方案。"①

---

① "大跃进"中居住建筑设计方案介绍[J]. 建筑学报，1958：06：1-6.

这一时期的方案设计，鼓励采用新技术、新措施及地方建筑材料，最终目标便是最大限度地使造价低于国家及地方标准。如1958年2月，建筑工程部在太原召开第二次预应力钢筋混凝土技术交流会；1958年4月，建筑工程部召开地方建筑设计会议，包括山西在内的多个省市设计单位交流了设计经验；1958年10月，建筑工程部召开快速施工经验交流会。会议指出：以快速施工为纲，大搞群众运动，大搞技术革命，大搞多种经营。"快速施工"是建筑施工上的一场革命，迅速掀起高潮，争取大面积丰收。"技术革命"的口号则使得广大技术人员怀着"向科学进军"的热情，进行了一定量的技术更新。

设计工作跃进——总路线提出不久后，毛泽东便发动了"大跃进"和人民公社化运动，高高地举起了这"三面红旗"。山西省委下达通知："设计工作也要跃进，加快设计速度，提高质量，多用标准图，加强审核，设计作风要改变，经常下工地。施工单位要早动手作准备，如备料等，争取前半年多开工，做到均衡施工，有条件的工程今年可实行工期定额，争取提前完工交工生产。"同时，"采用多种途径降低工程造价，如降低建筑标准，在设计上采用新技术与先进经验，精简机构，节约管理费等，特别是要注意加强建筑材料管理工作，健全材料的管理制度，节省建筑材料。"①

1958~1960年间，受"大跃进"运动中过"左"的思潮影响，基本建设项目和投资急剧膨胀，最终导致经济比例的大失调。1960~1962年间，三年自然灾害，经济严重困难，同时中苏关系破裂进入"冷战"时期，苏联单方面撕毁多项合作协议和合同，召回专家，停止提供生产技术资料等，从一定程度上影响了山西省的建设活动，山西省基本建设委员会甚至被撤销。

（二）建筑风格：新技术下的现代主义探索

为了保证完成大跃进指标，山西省建筑设计人员在专业方面进行了大量积极探索，并将新技术和先进经验进行推广，客观上形成了自我探索式的现代主义。

财贸大楼是"快速施工"的代表，立面以横向长窗进行分割，几乎没有任何修饰。湖滨会堂是"设计革命"的代表，其屋顶为马蹄形圆顶，采用全钢结构，最大跨度达到54.2米，立面采用通高玻璃幕墙，代表着公共建筑施工技术的新高度。山西省图书馆功能完善，设施齐全，特别是书库的设计属当时全国领先水平，构图简约大方，总体为现代主义风格。太原工学院土木馆由工学院土木系教师集体设计，平面布局呈L型，立面造型朴实无华，是这一时期优秀作品（图9-1-15、图9-1-16）。

图9-1-15　山西财贸大楼（1959年）（来源：网络）

图9-1-16　太原市湖滨会堂（来源：网络）

① 山西省人民委员会关于组织建筑工业跃进，保证又多又快又好又省地完成1958年施工任务的通知[J]. 山西政报，1958，09：25-26.

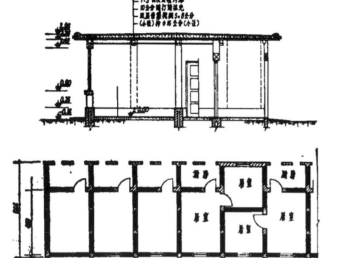

图9-1-17　山西省平顶平房标准住宅剖面和平面（20世纪50年代）（来源：《"大跃进"中居住建筑设计方案介绍》）

图9-1-18　山西省体育馆（来源：石玉 摄）

图9-1-19　山西工程职业技术学院南教学主楼（来源：《太原市历史街区历史建筑名录》）

　　住宅类建筑，一方面积极发展新技术，如山西第一座装配式大型壁板住宅楼、硝酸盐板墙二层试验楼房在此阶段相继建成。另一方面，无论造价还是标准都已经降到了最低，且统一设计。由山西省设计院制定的平顶平房标准住宅"单位造价22.65元/平方米，每户设有厨房，室内净高2.6米，砖木结构，砖柱土坯内外墙半砖后墙，3:7灰土灰基础，屋顶为杉圆木檩条，白灰、焦渣等平顶，普通木门窗（图9-1-17）。"

（三）建筑风格：苏联风格的延续与弱化

　　20世纪60年代以后，出于政治的因素，山西省建筑一方面惯性地延续苏联风格，一方面在"技术革命"中大力对苏联标准进行修改。这不仅仅是本土化的过程，更多的是在"反苏修"政治运动中有意地"去苏联化"，从此代表苏联精神的建筑风格开始弱化。代表建筑如山西省体育馆、山西工程职业技术学院南教学主楼等（图9-1-18、图9-1-19）。

四、"文化大革命"时期

（一）时代背景：经济瘫痪、文化压抑

　　"设计革命"——早在1964年，毛泽东便号召开展设计革命，寻找自己的道路。设计革命旨在用革命思想武装设计人员大脑，使得设计思想、设计作风、设计方法革命化。"划一根线，收集一项资料，都有政治。"①设计革命主要体现在三

①　贾林放同志在北京煤矿设计研究院全体职工大会上的讲话——代发刊词[J]. 煤矿设计通讯，1966（01）：1-5.

个方面：一是要求设计人员打破苏联标准、规范、程序、制度的条条框框，做出符合"勤俭建国"方针的设计；二是设计人员要为群众服务，走入工农群众之中，下楼出院现场设计，拜工人农民为师，总结并吸收群众的生产知识和实践经验，提升设计水平；三是在政治挂帅的前提下，毛泽东思想激励广大设计人员怀着艰苦奋斗、自力更生的革命精神，攻克难关，积极发展新技术、新工艺。

1966～1969年，"文化大革命"爆发，山西绝大部分工矿企业被迫停工停产，建筑业停滞不前。三线建设则被片面强调，大量资金投入国防工业加快建设，如管涔山区的宁武高炮厂、晋东南山区的电子工业基地、晋南坦克基地和吕梁山区的地方军工基地。此外，还有航天工业部所属的国营清华机械厂、晋宇科学仪器厂的其他建设项目。

1970～1974年，民经济缓慢恢复和初步回升，全省建筑业经过整顿与恢复，兴建了一批工矿企业、交通、邮电和市政设施项目等。

（二）建筑风格："干打垒"的乡土建筑实践

早期的设计革命促使设计人员对民间建筑深入调查研究，吸取传统经验，就地取材、现场设计，建造出造价低、质量好的建筑来。西沟展览馆、白求恩陈列室是将苏联风格与当地坡屋顶建筑形式融合。然而其他大量的民用建筑，则显得相对"简陋"。提倡"干打垒"的革命精神，建设"干打垒"型房屋，使国家把建设资金、材料、劳力等更集中地利用到生产性建筑上，这在当时是具有重大政治意义的。如运城市盐化中学、太原市房地局兴建的无木结构砖拱窑洞楼房都体现了这一精神。

（三）建筑风格："抄样板"的政治主题象征化

"文革"初期，社会动荡，全省乃至全国是一片红色海洋，大量政治语言化作符号成为建筑设计的元素。精神上学习毛泽东著作，红宝书、样板戏、语录歌齐头并进；物质上则表现为毛泽东塑像、毛泽东思想万岁纪念馆、八一广场等风靡全国。不仅仅是戏曲，大众审美意识也开始样板化，建筑设计中"抄样板"的做法非常普遍。

如大同市"毛泽东思想胜利万岁展览馆"（今红旗商场），外观酷似人民大会堂，在当地有"小人民大会堂"之称。其平面布局呈"H"形，外部列柱重檐，内部沥粉描金。展览馆墙壁上"伟大的领袖毛主席万岁"、"指导我们思想的理论基础是马克思列宁主义"等红色标语仍在。太原站的"样本"则为北京火车站，虽然因政治经济环境规模缩水，但建筑总体还是苏联风格。山西大学主楼前毛泽东塑像总高12.26米，寓意毛主席诞辰日。毛泽东像身高为5.7米，寓意毛主席的五七指示。其他政治作品如侯马市政府礼堂、长治市八一广场英雄台等（图9-1-20、图9-1-21）。

图9-1-20 大同市"毛泽东思想万岁纪念馆"（来源：大同老照片）

图9-1-21 太原火车站（来源：山西省建筑设计研究院 提供）

图9-1-22 太原市云山饭店（来源：《云山饭店建筑设计》）

（四）建筑风格："平反"后的现代主义回归

"文革"中后期，山西省建筑又逐渐回归形式简化、经济性更强的现代主义建筑风格。由于当时大量知识分子下放山西，使得设计院新鲜人才注入，因此不乏优秀作品。遵循着"少花钱、多办事、办好事"的原则，这一时期建筑风格粗犷简约，只通过空间变化、结构形式处理重点部位（如入口），立面作大线条的对比，多采用大面积淡青色与局部绛红水泥搓毛墙面，或白绿相间的水刷石墙面。

如云山饭店通过大实墙与水平窗带形成虚实对比，色彩与材质统一，立面活泼，结构设计尽量采用国内先进技术，大模板现浇剪力墙，外墙和楼板为预制装配整体，在太原市的高层建筑中初次采用。值得一提的是其在设计中探索建筑与雕塑、绘画等工艺美术的结合，并表现出地方特色，如实墙面上部的3.2米×3.2米琉璃浮雕采用大同云岗飞天造型，以体现山西地方特点，但也颇有些20世纪初期装饰艺术运动风格时期的细部特点（图9-1-22）。

迎泽宾馆西楼通过平面布局的创新，达到立面造型的变化。太原市解放路副食品大楼利用顶层薄壳结构形成亮点。其他中小型建筑作品如运城火车站、临汾东风饭店、临汾地区新华书店、临汾侯马市邮电部第七研究所、临汾地区影剧院、中共山西省国防科学技术工业委员会等。大同邮电综合大楼是个特例，延续了较早时期的苏联风格（图9-1-23～图9-1-26）。

图9-1-23 太原市迎泽宾馆西楼（来源：山西省建筑设计研究院 提供）

图9-1-24 临汾市东风饭店（来源：《中小型建筑创作小议》）

图9-1-25 临汾市新华书店（来源：《中小型建筑创作小议》）

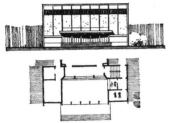

图9-1-26 临汾市影剧院（来源：《中小型建筑创作小议》）

第二节 1976年至今：国际化与本土化

一、拨乱反正和改革开放初期

（一）时代背景：市场起步，文化繁荣

十一届三中全会召开后，全党工作的重点转移到社会主义现代化建设上来，国家政策也发生了巨大转变，对内改革、对外开放。

建筑行业改革——1984年，山西省人民政府响应国家号召，出台了建筑业改革的十条决定，率先实行了全行业的改革。建筑行业的改革体现在：建筑设计方面，坚持双百方针，"繁荣设计创作"，"打破千篇一律"，积极采用先进的科技成果，修改不合理的设计规范，制定新的标准、定额，处理好多样化和标准化的关系，不仅要注意技术的先进性、适用性、安全性，而且要十分注意经济效益；建筑体制方面，经营机制由计划经济向市场经济转变，积极推行以招标承包为核心的多

种形式的经济责任制，调动设计人员的积极性、创造性；建筑方针方面，坚持"适用、经济、在可能条件下注意美观"的原则，后来一度改为"适用、安全、经济、美观"。

建筑行业开放——山西省与境外交流增多，如1979年日本建筑参观团来省参观、1985年英国纽卡斯尔市代表团访问等。随着建筑市场的开发，中外合作项目开始出现，如山西大酒店等。

在大好形势下，山西省建筑业发展最快。工业建筑项目多、规模大，技术要求高，引进设备增多。住宅建筑建设量剧增，弥补"文革"十年的缺口。办公商业类建筑、科教文卫类建筑、旅馆建筑如雨后春笋般出现，其中不乏大型多功能或高层建筑。县城建设也开始步入正轨，1984～1986年三年间，73个县城先后通过总体规划评估，建设量可见一斑，主要建筑类型有县文化馆、乡镇文化站、学校、卫生院（所）、邮电局（所）等。

然而，建筑产品"供不应求"，建筑创作却陷入混乱。一方面由于新中国成立以来左倾路线的封闭，使得建筑理论停滞、建筑实践压制，设计人员自身水平有限；另一方面来自于国际各种建筑思潮的迅猛冲击和大量的生产任务，导致设计人员忙于出图，对国际理论和实践经验缺乏足够深入地了解与实践，建筑创作规律相对混乱。

（二）建筑风格：现代主义的延续与徘徊

中小型建筑——似乎仍在延续"文革"时期"好的设计"原则，即：功能布局合理，工程造价低，突出结构，建筑造型简单大方、一般化，基本无装饰，施工周期短。设计手法相似，如运用虚实对比、韵律等创造变化，模式化的痕迹严重，因此建筑类型区分也并不明显，只是建筑色彩丰富化，局部装饰多样化，如各地影剧院建筑（图9-2-1）。

大型建筑——高层、大跨等大体量建筑开始出现。由于类型较新，省内并无先例，边学习边摸索是主要创作方式。此时的国际社会，现代主义已经饱受诟病，后现代主义运动则方兴未艾。现代主义及后现代主义的建筑形式及思潮同时传入。少数以结构、材料、技术为导向的高层建筑表现

图9-2-1　太原市中北电影院（来源：《山西通志（第二十五卷）城乡建设环境保护志·城乡建设篇、建筑业篇》）

图9-2-2　山西广播电视大楼（来源：山西省建筑设计研究院 提供）

出了较为纯粹的现代主义、国际主义风格，如山西广播电视大楼、山西省委办公楼、太原电信大楼、山西电力大厦等。山西省人大常委会办公楼虽然是"一"字形平面，但前部加入了大型挑檐与柱廊，非常节制地消解了四层板式建筑的单调，有典雅主义的风格。中国煤炭博物馆是个例，与其他建筑相比，设计人员并没有把精力放在如何"装饰"现代主义或者"模仿"后现代主义上，而是通过隐喻、抽象的方式，用退台的建筑体量、简洁明了的白色，寓意煤层这一建筑主题，朴实无华又独一无二，可谓优秀的现代主义探索（图9-2-2～图9-2-5）。

山西省科学技术馆报告厅则采用了先进的结构技术——双曲扭壳，立面突出结构，与其配套的科技大厦，试图用折线语言"装饰"立面，保持统一，建筑顶部依然以附加的小型体块结束。（图9-2-6）。

相比而言，高度简洁的国际主义风格方盒子似乎并不占优势，因为对于经历了特有时期封闭的广大设计人员，桎梏已久的设计思想亟需解放，打破单调的"火柴盒"势在必行。而对于后现代主义，设计人员还没有形成成熟的见解，尚在徘徊。因此，大部分建筑表现出来的意境常常是暧昧的、不确定的现代主义：一边沿着现代主义道路继续前行，功能、结构材料统领整体，一边又尝试用设计手法增加细节，仿佛"现代主义加点什么"（图9-2-7）。

图9-2-3　山西省委办公楼（来源：王鑫 摄）

图9-2-4　太原市电信大楼（来源：山西省建筑设计研究院 提供）

图9-2-5　中国煤炭博物馆（来源：王鑫 摄）

图9-2-6　山西省科学技术馆（来源：山西省建筑设计研究院 提供）

　　有意思的是，这些建筑顶层都设置了类似旋转餐厅的功能，这些建筑元素仿佛给现代主义戴了一顶小帽，装饰意味浓重，但又不属于确切的后现代主义。毕竟是凭空而降的建筑思潮，对于没有深入经历过其中过程的广大设计人员，实践冲击远大于理论冲击。然而缺失了最重要理论、建筑哲学的支撑，难免会本末倒置。再加上长期以来国内标准化、样板化的安全设计模式，让设计界普遍存在盲目照抄的做法。如三晋大厦、唐明饭店、天龙大厦主要通过改变立面开窗、搭接体块的方式打破以往的对称均衡。

（三）建筑风格：后现代主义的模仿与照搬

　　20世纪80年代是国际后现代主义发展的鼎盛时期。年长的建筑师由于经历了长期左倾路线的压制，对待新生事物持保守、谨慎态度，存有戒心；但年轻的建筑师大多出生于1949年之后，对古典主义情怀较浅，对后现代主义则充满兴趣，因此彰显建筑个性成为重要目标。

　　山西大酒店是晋港合资建设的涉外旅游酒店，气质迥然不同，是较为突出的后现代主义作品。一方面，用弧形体块、配色、图形拼贴塑造出大众喜闻乐见的平凡与活泼，有波普的韵味；另一方面又具有典型的香港商业建筑气质，而这些商业元素，便是后现代主义在商业化运作下出现的旋转餐厅、观光电梯、中庭、大面积的玻璃幕墙等，是最抓国人眼球、最体现现代化、最具时代特征的符号（图9-2-8）。

图9-2-7 太原市三晋大厦（来源：山西省建筑设计研究院 提供）

图9-2-8 山西大酒店（来源：山西省建筑设计研究院 提供）

（四）建筑风格：民族形式的探索与仿古重建

改革开放之初，设计人员是迷茫与矛盾的，既厌恶统一模式的雷同，又不愿意随波逐流。在文学界兴起"寻根热"时，建筑界也在寻找自我，"中而新"、"民族形式与地方风格"成为新的设计要求。随着国际交流的增多、旅游业的发展，尤其是社会需要体现民族尊严的重要公共建筑（驻外使馆等）、与民族历史有关的博物馆（革命传统博物馆）、与传统文化生活有关的旅游商业建筑（风味餐厅、商业街）等开始兴起。

"大屋顶"、"琉璃檐"的做法也因此得到复兴，如山西省文联综合楼、山西财贸大楼（仿照北京民族文化宫改修）。还有的作品融入更多的中国传统建筑语言、意境，如八路军太行纪念馆，建筑呈工字形布局，两侧为平顶现代建筑，中堂为尖顶古式建筑，设计庄重大方、色彩明快亲切，将民族形式与地方风格巧妙地结合在一起。五台山友谊宾馆则按照四合院形式修建，建筑风格古香古色。刘胡兰纪念馆改扩建工程中，运用传统院落的形式，将新的纪念碑与大门、广场、陈列室、献殿、刘胡兰塑像、陵墓等组织起来，整体建筑群以纪念碑与陵墓为中轴线对称分布，凝重典雅。太原邮政大楼立面强调开窗，檐口突出，有中式藻井、屋檐的韵味，将民族语言巧妙地融入现代主义建筑当中（图9-2-9～图9-2-14）。

仿古建筑相对容易地多，城市中开始出现大量传统形式亭台楼阁与现代建筑结合的案例。如具有明清古典风格的太原食品一条街；运城市的福同惠百货商店、河东市场等（图9-2-15）。

二、改革开放深化时期

（一）时代背景：市场深入，文化大众

1992年春，邓小平发表南巡讲话，山西省建筑业迎来新一轮的发展，设计与施工技术都不断加强，涌现出相当数量的较高水平的"汾水杯"、"鲁班奖"优质工程。这一时期建筑行业的主要特点是：

建筑市场化、法制化——随着市场机制的基本形成和行

图9-2-9　山西省文联综合楼（来源：山西省建筑设计研究院 提供）

图9-2-11　长治市武乡县八路军太行纪念馆（来源：网络）

图9-2-10　1980年代装修后的财贸大楼（来源：王鑫 摄）

图9-2-12　忻州市五台山友谊宾馆（来源：网络）

图9-2-13　文水县刘胡兰纪念馆（来源：网络）

业改革的深入，建筑的属性发生变化，设计成为服务，而效益则成为设计的重要诉求之一。建筑师和业主的关系亦发生转化，从设计前期，到方案、初步设计、施工图，再到竣工后质量反馈，职能范围越来越广。设计理念则从原来建筑师的个人艺术创作，逐渐偏向遵从业主意愿的个性化表达。同时，依照有关法规，省内通过几年的综合治理，建筑市场的交易行为有所规范，工程质量稳步提高。

　　文化通俗化、潮流化——商品属性的要求、外来文化的冲击、生活节奏的加快，再加上经济大潮冲击下理论研究

图9-2-14　太原市邮政大楼（来源：《山西通志（第二十五卷）城乡建设环境保护志·城乡建设篇、建筑业篇》）

图9-2-15　太原市食品一条街（来源：石玉 摄）

的欠缺，使得建筑文化如同潮流形象般千变万化，消费时代的建筑艺术由建筑师个人审美走向大众审美，由经典走向通俗，更加强调造型，通过表层形象激发民众的选择意愿，或者象征业主的身份地位。

（二）建筑风格：后现代主义的混搭

　　20世纪90年代是国际后现代主义衰退、没落的时期，然而在我国却盛行一时。中国随着市场经济的深入发展，开始从20世纪80年代的"打开国门走向世界"转变为消费时代。城市空间被商业建筑充斥，而这些往往由境外建筑师参与设计，不由自主地将被商业气息浸淫玩味的西方后现代主义沾染至其他建筑。比较优秀的后现代主义作品如晋港合作的中国建设银行山西省分行综合营业大厦、山西大学图书馆，采用干净利索的体块切割、石材与幕墙不同材质和色彩的拼贴、顶部古典主义形式的抽象等，都是典型的后现代主义创作手法。其他如太原少年科技城，手法相对复杂一些，既有构成主义的雕塑厚重感，又有后现代主义的立面装饰风格，

均采用了绿色玻璃幕墙，以淡黄、米色瓷砖贴面衬托，生动活泼（图9-2-16、图9-2-17）。

　　除了部分实践作品，大部分商业建筑则在后现代主义造型外壳上，设计符号泛滥，有中式有西式，模仿往往停留在表皮，强调新型、高档建筑材料的装饰。如原本在后现代主义高层商业建筑中增加中庭采光的大面积玻璃幕墙，同样被运用在中小型建筑中，宝蓝、碧绿色玻璃幕墙随处可见，立面与铝塑板、大理石挂材等呈阶梯状对比，而这些又都是后现代主义设计手法。不断地变换花哨的外形来标新立异，以示彰显潮流，恰似后现代主义大师文丘里晚期迷恋拉斯维加斯的霓虹一样，通俗富有生气，如山西煤炭进出口大厦、太原榆园大酒店等。表面装饰的丰富恰恰反映了设计手法的贫瘠，创作规律的不确定性（图9-2-18）。

（三）建筑风格：新现代主义的继续发展

　　相对于后现代主义风格的狂热，现代主义一直冷静沉着地缓慢发展。这一时期，也许大部分省内建筑师还沉浸在

图9-2-16   中国建设银行山西省分行综合营业大厦（来源：胡盼 摄）

图9-2-18   愉园大酒店（来源：《山西通志（第二十五卷）城乡建设环境保护志·城乡建设篇、建筑业篇》）

图9-2-17   山西大学图书馆《城乡建设环境保护志·城乡建设篇、建筑业篇》

后现代主义、解构主义等多种图形化的狂潮中，较为纯粹的现代主义作品并不多。如山西大学文科楼充分利用场地，巧妙组合各功能区，使其既独立又有机联系，形体错落变换，细部处理更加细腻，而非符号化，可以看作是有机功能主义在现代主义中的发展。武宿机场航站楼，以结构、功能为导向，是典型的现代主义作品（图9-2-19）。

（四）建筑风格：地方主义的折衷探索

随着旅游业的发展深入，传统要素的仿古、重建一直是文化的象征，如永济蒲州鹳雀楼复建，运城火车站关公铜像的塑造等。还有一些传统要素，像后现代主义符号一样被拼

图9-2-19　山西大学文科楼（来源：王鑫 摄）

图9-2-20　长治博物馆（来源：薛林平 摄）

贴，如运城银鹭商厦的琉璃檐、中心庭院的亭台楼阁，漪汾苑小区住宅建筑中，为了追求每个组团每栋楼有不同的建筑风格，特别是屋顶形式多样，有平顶挑檐屋顶、平顶小坡屋顶、马蹄墙等。总体而言，地方传统文化在这些现代建筑中所起到的作用只是点缀，即加了一层文化表皮。

地方主义的真正体现，得益于现代主义建筑吸收山西传统建筑的文化内涵和动机。部分建筑作品融合地方风格，对单调的现代主义进行改良，如同后现代主义吸收历史元素一样。如长治博物馆，采用中轴线对称的传统布局，突出表现建筑物的庄重严谨。内部空间有高有低空间穿插。立面造型高低错落，屋顶的古代车马雕塑、传统的大屋顶手法、和谐的色彩应用，既有历史文化趣味，又有现代建筑的内涵气息。太旧高速公路收费站，则以汉代建筑为原型，同时结合现代钢结构技术，隐喻腾飞的文化内涵（图9-2-20）。

三、新时期

（一）时代背景：经济转型，文化崛起

经济全球化的不断深入，对文化造成了巨大的冲击，全球特征越来越共有，民族性和地方性却逐渐式微。因此，国家文化在当代国际社会与经济发展中的战略意义表现得越来越突出，作为国家实力的重要形态而崛起。

与此同时，山西省长期偏向能源基地建设出现了一系列严重问题。从1999年起，先后提出了调整经济结构和建设文化强省的发展战略，经济增长向集约型、绿色型、技术型的现代方式转型，产业布局由"煤焦冶电"单一资源性主导产业向多元新兴产业、文化产业转变，以旅游业为代表的第三产业、文化产业快速崛起。

经济的转型，使得建筑更具绿色性、数字智能性——经济结构转型后，山西省更加注重科技进步和创新，建筑行业按照"适用、经济、绿色、美观"的建筑方针，强调城市建设对环境的保护、宜居和重视节能，把城市建设融入大自然中去，突出建筑使用功能以及节能、节水、节地、节材和环保，防止片面追求建筑外观形象。同时，高速变革的网络时代、迅猛发展的计算机技术，使得建筑产业异军突起，数字智能建筑综合计算机、信息通信等方面的最先进技术，使建筑物内的电力、空调、照明、防灾、防盗、运输设备等协调工作，最终实现建筑物自动化（BA）、通信自动化（CA）和办公自动化（OA）。

文化的崛起，使得建筑更具文化性、社会公益性——《山西省建设文化强省发展规划纲要（2003-2010）》的公布和相关政策的制定，使得科教文卫类建筑成为主流，部分社会公益类基础设施则作为重点项目高标准建设，如山西科技

馆、山西大剧院、山西图书馆、中国太原煤炭交易中心、山西体育中心等。文化建筑的地域特色也越来越受到重视，如通过挖掘地方建筑文化特质，梳理有地域特色的建筑符号和建筑材料，形成表述地域文化的建筑空间布局及造型样式。

　　山西省经历了20世纪80年代以来前所未有的建设高潮，以及建筑思潮涌入，束缚建筑创作的条条框框被摒弃，但由于速度过快，出现了走向另一个极端的兆头，如追求大气魄、高标准、新奇特，追求建筑外观形象，片面追求地标性建筑，大众审美高度不断刷新。随着信息时代交流的深入，大量国内外优秀建筑师作品涌入，带来最新的建筑理念，使得建筑风貌日新月异。后现代主义建筑风格在20世纪90年代逐渐衰落，多种建筑风格开始齐头并进地发展进入新的时期，如新现代主义、地方主义、解构主义、高技派等。

（二）建筑风格：新现代主义下的创新

　　新现代主义，既具有现代主义追求功能、理性的特点，又运用简单几何的形式变化实现建筑师的个性化象征，完美结合功能与形式，因此从众多设计思潮中脱颖而出，并且符合汉民族追求理性、秩序的传统，也广受建筑师推崇。山西省的新现代主义建筑作品，逐渐摒弃后现代主义所追求的琐碎装饰，转而运用现代建筑的理念、传统建筑的元素重新设计，创造新的形式。主要表现为将平面化零为整，立面用细腻、表现文脉的表皮肌理统一覆盖塑造建筑形体，突出材质与体块的对比，通过对某一个文化断面的截取，提炼抽象出建筑细部的语言，体现一定的文化象征意义，既厚重又典雅。如晋中市城市规划展示馆，由两个舒缓平和、相互嵌套、具有传统意境的合院构成。山西省煤炭交易中心由圆形裙楼配合方形塔楼构成，象征中国古代晶莹剔透的玉琮，山西地质博物馆的整体形态体现"天圆地方"的理念，又可理解为下部的"百宝盒"与上部的"玉璧"。山西体育中心则取大鼓之形、灯笼之构、剪纸之饰，无论是形体还是表皮肌理上都从传统文化中吸取灵感，具有强烈的象征意义。其他类似作品如太原市图书馆、运城市黄河文化博物馆、临汾市博物馆以及晋中市博物馆、科技馆、图书馆"三馆"等（图9-2-21）。

图9-2-21　晋中城市规划展示馆（来源：王鑫 摄）

图9-2-22　晋祠宾馆（来源：网络）

（三）建筑风格：地方主义下的新中式

伴随着国力地位的增强，众人的民族意识逐渐复苏，越来越多的设计师们渐渐从纷乱的模仿和照搬中，清醒地认识到本土传统文化的自尊性。经历了20世纪50年代的复古，80到90年代的仿古、重建、元素拼贴的探索，到了21世纪，新中式风格在传统文化的伟大复兴中诞生，并且与国际潮流一同跻身高端消费市场。如晋祠宾馆的改扩建工程、五台山国际度假酒店，则将文化、建筑、园林景观、现代设施融为一体，兼具古典美与现代美（图9-2-22、图9-2-23）。

此时新中式的表达是将抽象的传统元素与现代材料技术相结合，创作出既有地域特色又有现代风格的建筑。这些建筑侧重于精神意境、文化内涵的表达，传承的是文脉与肌理，这与此前的简单模仿相比有了质的进步。如山西博物馆总平面为中国传统的轴线对称，主体建筑方正规矩，逐层向外斜挑，体现了古人"如鸟斯革，如羽晕斯飞"的审美取向。主馆的主题形象，被赋予了"斗"和"鼎"的寓意，"斗"象征丰收喜悦，"鼎"象征安定吉祥，中央大厅则仿自应县木塔。再如晋城市博物馆，采用了院落递进的手法，逐级向上，形体组合、重要比例、屋顶形式均融入了传统建筑的要素（图9-2-24、图9-2-25）。

作为第五立面的大屋顶，依然是备受关注的设计元素，只不过不再受制于古代的形制，有了更加丰富的变化，甚至成为一种形式母题，衍生出各种造型的同时，兼顾建筑的科学性、空间体验性。如大同机场航站楼侧屋面出挑较深，用于航站楼车道边遮阳避雨，从而形成一个虚的空间，利于从室外到室内的空间过渡。这种建筑造型

图9-2-23　忻州市五台山国际度假酒店（来源：RTKL建筑设计公司 提供）

图9-2-24　山西博物院（来源：刘卫国 摄）

图9-2-25　晋城市博物馆（来源：网络）

很有表现力，体现出当地独特的建筑风格，外雄而内秀。"又见平遥"剧场更是将传统屋顶提炼出的语言用到了极致。类似的作品有沁水市"远古鱼"形购物商场方案、五台山风景名胜区旅游接待中心等。此外，建筑色彩也成为体现传统的手段之一，采用传统的砖灰色及红色较多（图9-2-26、图9-2-27）。

　　云冈石窟博物馆的表达更为含蓄。屋顶与墙体结构混为一体，呈波浪状像从地面自然生长出来的无限延伸。屋面材料选用了色彩古朴的现代材料钛锌板，体现的是当代技术和社会面貌。独特的佛光之路设计，全用当地砂岩古砖堆砌而成，这些古砖都是当地各处搜集的拆除古建筑的老砖增加了历史厚重感。细部设计灵感来自昙曜五窟大佛身上飘逸的衣纹，屋顶天窗的处理犹如神秘的佛眼（图9-2-28）。

（四）建筑风格：解构主义下的灵动

　　新时期的解构主义作品往往映射地理地貌和气象万物等客观环境，或者通过空间进行某种隐喻，使人产生遐想。内部流线蜿蜒曲折，步移景换，建筑与景观的融合、不同尺度空间的变化，让人耳目一新，其细部设计也常常吸取传统元素表达文化意义。如吕梁120师学校，隐喻当地的山峦起伏，使用当地特色材料"砖"为外墙主要材料，结合复合墙体构造，使得建筑适应当地气候条件。大同大剧院建筑外部呈不规则的起伏状，酷似一朵萦绕的云雾，结构与空间混为一体。太原美术馆造型灵感来自于有山西特色的晋中梯田地貌，其最终形式是一个几何建筑体。山西大剧院建筑中央的空洞，既是开放式的舞台，又隐喻"窗口"。类似的作品还有山西省科技馆、山西省图书馆等（图9-2-29~图9-2-33）。

图9-2-26　大同机场航站楼（来源：中国建筑设计研究院 提供）

图9-2-27　晋中市"又见平遥"剧场（来源：北京易和时代国际建筑规划设计有限公司 提供）

图9-2-28　大同市云冈石窟博物馆（来源：北京新纪元建筑工程设计有限公司 提供）

图9-2-29　吕梁市兴县120师学校（来源：WAU工作室 提供）

图9-2-30　太原市美术馆（来源：王鑫 摄）

图9-2-31 山西大剧院（来源：王鑫 摄）

"又见五台山"剧场，设计师用简单几何形式重复、扭曲、变形、延伸、重叠，形成强烈的形式感，抑或是仪式感，象征着徐徐展开的"经折"，又通过表皮材料的反光和投射性质，反衬周边环境，将建筑消隐在环境中。通过室内外空间潜移默化的过渡，激发出观众的心理体验和精神感受（图9-2-34）。

图9-2-32 山西省科技馆（来源：王鑫 摄）

图9-2-33 山西省图书馆（来源：王鑫 摄）

图9-2-34 忻州市"又见五台山"剧场（来源：北京市建筑设计研究院有限公司 提供）

第三节 并置交融的山西现代建筑

1949年之后的很长时期内，由于苏联风格及工业建筑类型的影响，传统建筑的传承受到冲击，基本处于新旧脱离的状态，少量传承实践仅体现在装饰层面。改革开放后，建筑设计思想得到解放，思潮此起彼伏。建筑师急于突破，也勇于尝试，双管齐下，一方面兴起仿古热，一方面追随国际潮流。因此，这一时期传统与现代并置，建筑数量繁多，风格多样。经过大量的实践思考之后，设计手法日趋成熟的本土建筑师们，重新开始主动尝试将山西省传统文化融入现代设计当中，以各自独特视角将传统文化之精髓呈现于建筑之中。

特别是在2000年之后，新的设计思潮伴随着经济社会发展逐渐兴起，山西现代建筑的实践活动也不仅仅局限在省会太原，更在大同、吕梁、运城、晋中等地蓬勃发展。一方面，"三晋文化"的历史文化传统早已深入人心，但如何在现当代语境中进一步阐释和呈现，成为这一时期建筑创作和城市更新所必须回应的问题。另一方面，如何再现晋商开拓进取的创新精神，为这片沉稳悠远的土地注入新的活力，为历史和未来的碰撞带来新的探索，也成为各项实践活动所关注的核心问题。

更为重要的是，传统建筑中对环境和材料的应答，以及对文脉延续和符号意义的坚持，均在新时代的设计实践中有所体现。而且，维度的提升为创作提供了多样的可能性。而且，无数成功或失败的案例，再一次印证了地域建筑和地域城市的不可分割。在太原、大同、晋中、阳泉等城市的遗址保护或更新建设活动中，对于建筑和城市文化的探讨一次次的叩击着大众。如何用当代的建造技术使传统的材料和技艺重获新生，使得"三晋文化"不再是故纸堆里的陈词，使得晋地的城乡空间不仅只以历史为荣，更以新的实践创造而骄傲。

第十章　基于环境气候的建筑实践创作

绪论言及山西建筑传承发展面临的诸多问题，但并没有阻挡现当代建筑实践创作的探索道路。数十年来，建筑师和理论家接连尝试，基于环境气候、地段文脉、空间演化、地方材料、地域文化等要素，完成了大量的实践案例。

下篇的前两章对山西近代和现代建筑发展的脉络做了简要梳理。通过对重要历史事件和案例的回顾，可以发现一个现象，在后农业社会，各个亚区域的差异在新的交通与通讯工具的影响下，将会逐渐减弱。人口的迁徙和流动亦会不断增强，从而促进跨地区的文化交融。于是，传统的相对稳定和缓和的文化属性将会以全新的形式呈现出来。

然而对于山西的近现代建筑创作，此种地域性的变迁不同于其他省份，有自身的特殊性。直到很晚近的时候，山西仍然是一个文化生态相对稳定的区域，新修建的铁路和公路仅能从太行山的若干隘口中进入，所以社会生活的变迁更多的是在省内完成的，省城和各区域的中心城市的极核作用远强于外部的文化牵引。于是，"晋系""三晋风""大院文化"等同一性的建筑特征表述成了主流，并在对环境、文化、建造等方面逐一体现。

第一节　环境气候概况与设计原则

山西位于黄河中游峡谷和太行山之间，境内山峦起伏，地貌多元复杂。境内有山地、丘陵、高原、盆地、台地等多种地貌类型，整个地貌是被黄土广泛覆盖的山地型高原，大部分在海拔1000米至2000米之间。最高点为五台山的北台叶斗峰，海拔3058米，最低点在垣曲县境西阳河入黄河处，海拔仅180米。在太行山和吕梁山之间，分布有一系列断陷盆地。东有太行山，西有吕梁山，北有恒山、五台山，南有中条山，中有太岳山。主要河流有黄河、海河两大水系。境内有大小河流1000多条，其中流域面积大于100平方千米的有240条，大于4000平方千米、河长在150千米以上的有汾河、沁河、涑水河、三川河、昕水河、桑干河、滹沱河、漳河。汾河最长，全长659公里。

山西地形多样，高差悬殊，因而既有纬度地带性气候，又有明显的垂直变化。省域位于大陆东岸中纬度的内陆，东距海岸约300~500公里，由于东部山岭阻挡，气候受海洋影响较弱，在气候类型上属于温带大陆性季风气候。气温地区分布总趋向是自南向北、自平川向山地递减（图10-1-1）。

从古至今，人居空间在应对环境气候时，总的原则如下，首先是趋利避害，即尽可能选择自然环境优越的地段进行设计建造，积极利用山形水势以及各种自然资源，为营造出适宜的人居环境。随着全社会技术水平的提高，人类改造环境的能力越来越强，特别是各类主动式技术的出现，使得建筑应对环境的方式更加多元。

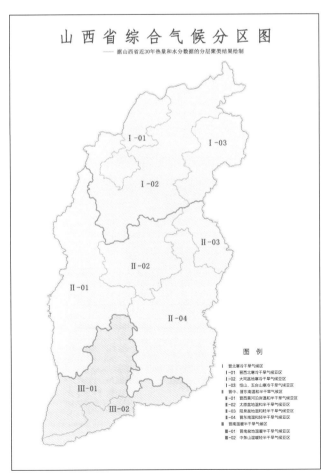

图10-1-1　山西省综合气候分区示意图（来源：太原理工大学旅游安全与应急管理研究课题组 提供）

第二节　城市环境中的公共建筑

山西的水资源并不富足，特别是在城市环境中，水系驳岸和滨水空间成为格外珍贵的环境要素。例如汾河从太原市中心偏西的位置穿过，自北向南流经尖草坪区、迎泽区、小店区等，沿汾河两岸是城市公园和滨河公路，环境优美、景观宜人。如何充分利用河道两侧的环境要素，成为建筑创作需要应对的问题之一。以"千渡馆"和"三千渡"社区会所为例，这两栋建筑位于太原西北，汾河东岸，西边距离汾河河岸约200米。建筑设计由不同长度的线性块组成，复制和安排以适应该地区的边界。每一块设有独特的项目，如展览、休息室、办公室。地段现状的容积率较低，为了和环境整体相契合，建筑高度控制为两层。另一方面，为了最大限度争取西向自然景观，建筑首层缩进，二层外挑，室内视线通透（图10-2-1~图10-2-9）。

山西地区全境日照条件较好，将传统建筑中的院落空间原型和新型建筑功能相结合，可以充分引入自然光，并且有机结合自然通风和机械通风，提升建筑室内环境品质、降低建筑整体能耗。例如山西北部的大同图书馆建筑设计方案，由一个四层高的螺旋斜坡组成，沿着馆内的书架和小阅读室的轮廓围成。这一设计利用了大空间和递进循环来调节构成中心图书馆的两个主要部分之间的压力。建筑中心设置了庭院空间，周边环绕着阅览区、教室、走廊、会议室等（图10-2-10～图10-2-12）。

同样是采用院落空间回应外部环境，晋中城市规划展示馆则呈现出更多维度的探索。建筑位于太原和榆次之间的新城区域，用地开阔、地势平坦。展示馆试图对自然环境和城市环境作出双重回应，从逐渐疏离的外部关系中深层次的逻

图10-2-1　太原市段汾河的滨河景观（来源：网络）

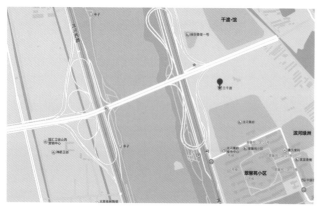

图10-2-2　"三千渡"社区会所位置图示（来源：百度地图）

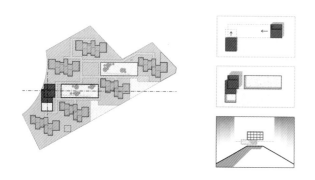

图10-2-3　"三千渡"社区会所形体生成图示（来源：众建筑 提供）

1 广场	Plaza
2 木栈道	Path
3 产品展示中心	Show Center
4 主入口	Main Entrance
5 水池	Reflecting Pool

图10-2-4　干渡馆总平面图（来源：众建筑）

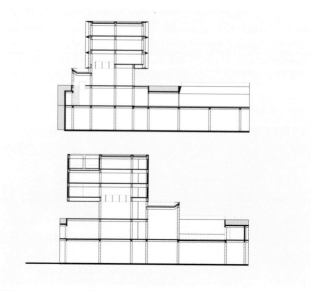

图10-2-5　"三千渡"社区会所剖面图（来源：众建筑 提供）

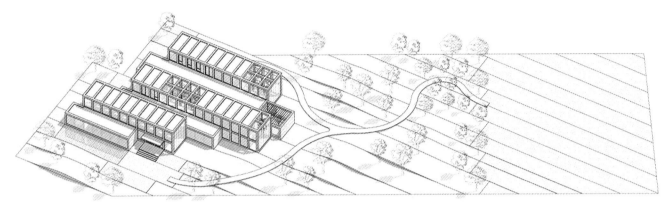

图10-2-6　千渡馆方案轴测图（来源：众建筑 提供）

图10-2-7　千渡馆入口立面（来源：众建筑 提供）

图10-2-8　千渡馆与环境相融合（来源：众建筑 提供）

图10-2-9　千渡馆内庭院（来源：众建筑 提供）

辑，将空间、行为、功能、组织逻辑等连接在一起，以弥合日趋消散的时空记忆。建筑整体由两组相互嵌套的方形院落构成，从而将略显平淡的场地环境激活，将外部空间引入建筑内部，形成层层叠进的空间层次。此外，建筑在东南角略有退让，弧形体量由南向北微微上扬，使得南侧公园的自然景观向内延续（图10-2-13、图10-2-14）。①

展示馆不仅在平面布局中采用院落空间，还通过错位和嵌套，将院落纳入到竖向维度，形成设计师所谓的"间层"空间。借由"间层"内部的竖向交通和景观界面，自然光照

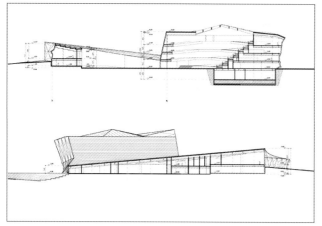

图10-2-10　大同图书馆新馆剖面图（来源：Preston Scott Cohen, Inc. 提供）

图10-2-11　大同图书馆新馆阅览大厅（来源：Preston Scott Cohen, Inc. 提供）

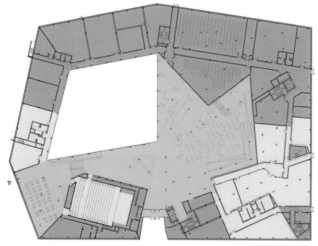

图10-2-12　大同图书馆新馆平面图（来源：Preston Scott Cohen, Inc. 提供）

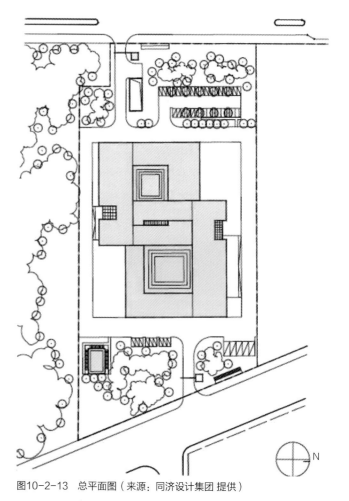

图10-2-13　总平面图（来源：同济设计集团 提供）

① 丁阔，章明. 晋·院—山西晋中城市规划展示馆. 时代建筑，2015（3）：90-97.

图10-2-14 晋中城市规划展示馆与周边环境（来源：王鑫 摄）

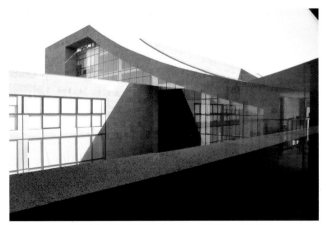

图10-2-15 晋中城市规划展示馆内院之一（来源：王鑫 摄）

图10-2-16 晋中城市规划展示馆内院之二（来源：同济设计集团 提供）

和气流被充分引入建筑内部，而通透的玻璃界面将景观庭院和内部的展示空间融合为一体，构建起新的空间"张力与动态平衡"（图10-2-15～图10-2-17）。

在山西吕梁的数字科技生态城建筑设计方案中，通过建筑形态和空间组织，对环境气候形成呼应。项目位于吕梁市区东城新区，规划占地26亩，建筑面积约5000平方米。建筑分为三个单元，围绕庭院组织，呈三合凹形，在剖面上便于引导气流和引入自然光。建筑主体采用单坡形态，便于雨水组织，同时可以将水汇集于内部景观庭院，综合利用水资源。

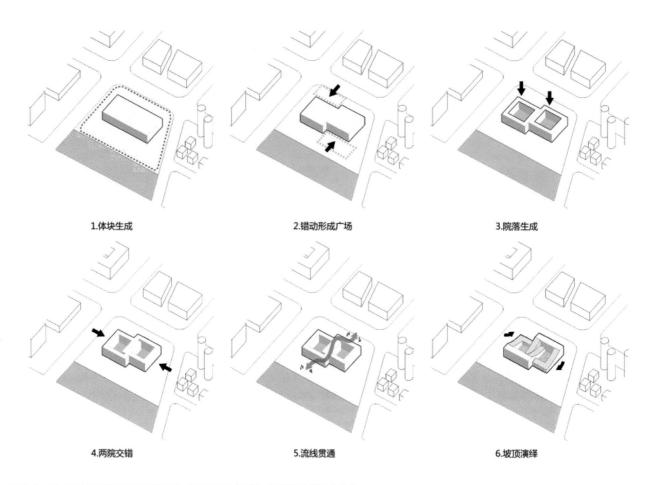

1.体块生成   2.错动形成广场   3.院落生成

4.两院交错   5.流线贯通   6.坡顶演绎

图10-2-17 晋中城市规划展示馆形体生成概念图示（来源：同济设计集团 提供）

第三节 城市环境中的居住建筑

同样是在城市环境中，集合住宅则有不同的应对方式。太原当代MOMA住宅区，基地位于太原市长风文化商务区域西北角，北临长风西街，西临新晋祠路，东南临会展街。一方面，建筑形体简洁，平面为方形，体形系数小；另一方面，以及采用节能建材等技术措施，采用多项节能系统，如结构顶板热辐射系统、辅助加湿系统、热回收系统、中水系统、外门窗外遮阳系统等，实现了节能与品质均衡（图10-3-1、图10-3-2）。

由于水资源紧缺，在城市居住小区开展水资源回收利用对减

轻城市供水系统压力更具有现实意义，水资源的利用也是万国城项目体现低碳环保的一方面。在当代MOMA项目中，一部分生活污水被送至建筑地下的水处理中心进行过滤、消毒、膜生物处理等步骤，净化后的中水被用于小区内部景观水体补充和绿化灌溉。据统计，小区日产生废水总量的40%被用作中水水源，这将很大程度降低小区对城市自来水的用量（图10-3-3）。

此外，太原夏季炎热、日照充足，为实现舒适的建筑物理环境，建筑外窗为竖向开窗，兼顾采光和热工性能。窗户使用LOW-E玻璃，并采用铝合金百叶帘，表面喷涂耐久材料，内部夹芯材料可以保温、隔声，实现了集防晒、保温、隔声等功能于一体的集成化设计（图10-3-4）。[1]

---

① 王安. 绿色建筑技术应用的地域可行性研究—以山西地区为例[D]. 太原：太原理工大学，2016.

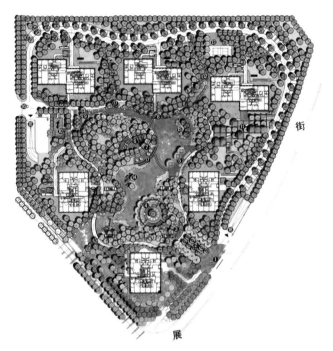

图10-3-1 当代MOMA总平面图（来源：三磊设计 提供）

图10-3-3 中水回用系统（来源：王安 摄）

图10-3-2 当代MOMA住宅区（来源：王鑫 摄）

图10-3-4 外遮阳系统（来源：王安 摄）

再如众建筑团队所设计的"蛇形住宅"建筑方案，则采用了不同于当代MOMA的形体。集合住宅由一系列曲线薄板建筑构成，建筑高约100米，进深10米。以确保最大限度地实现自然采光和良好通风。曲线形体，保证每个居住单元获得南向采光，还可以在西南方向获得眺望汾河景观的全景视野。总体布局错落摆放，避免相互之间的视线遮挡（图10-3-5～图10-3-8）。

同样是位于滨河环境，大同市南郊区的华北星城住宅小区更关注社区内部环境的营造。大同位于山西北部，气候干燥、降水量少，水资源更加稀缺。基地西邻御河景观带，北靠金融街，东望城市新区。住宅区规划在临御河景观带的西侧排布小高层，平衡景观和容积率的压力，而在内部进行景观的集中布置，旨在提升景观的环境效应，和旁侧的河道共同发挥作用，提升社区的环境品质（图10-3-9、图10-3-10）。

图10-3-5　"蛇形住宅"鸟瞰图（来源：众建筑 提供）

图10-3-6　"蛇形住宅"滨水立面（来源：众建筑 提供）

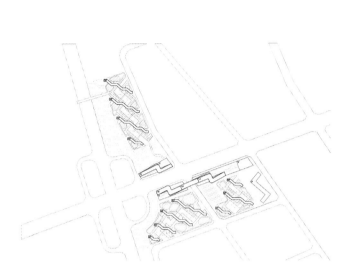

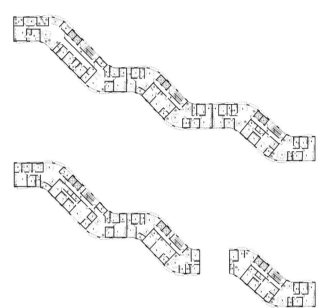

图10-3-7 "蛇形住宅"总图布置（来源：众建筑 提供）

图10-3-8 "蛇形住宅"单体平面图（来源：众建筑 提供）

图10-3-9 华北星城住宅小区鸟瞰图（来源：中国建筑设计研究院 提供）

图10-3-10 华北星城住宅小区内部景观（来源：中国建筑设计研究院提供）

图10-4-1 汾西县秋堰沟坝地工程（来源：山西新闻网）

第四节 乡村环境中的实践案例

建筑与城市建设无法脱离整体的环境问题而独立存在，对于山西而言，水土流失和采矿区塌陷是目前较为严重的两大问题，特别是在远郊和乡村地区，上述问题更加突出。

山西地处黄土高原东端，位于黄河流域中游和海河流域上游，国土总面积15.6万平方千米，其中，80%以上的面积为山地丘陵区，沟壑纵横、山高坡陡、水流湍急、破坏力强。加之大多数地区为黄土覆盖区，土质疏松、极易流失，是全国水土流失较为严重的省份之一。

据20世纪50年代山西调查资料显示，全省水土流失面积10.8万平方公里，占国土总面积的69.2%。其中，黄河流域水土流失面积6.76万平方公里，占黄河流域总面积的69.4%，占全省水土流失面积的62.6%。

20世纪50年代，阳高县大泉山治理模式和离山县水土保持规划取得了明显成绩。此后，60年代大寨的治山治水，70年代河曲县曲峪大队治理黄土高原水土流失，80年代河曲县苗混瞒作为户包治理小流域第一人，90年代出台拍卖"四荒"的新举措，都为水土流失治理作出了典范（图10-4-1）。

采矿区治理方面，山西平鲁探索矿区生态建设成为当前值得关注的实践案例。经过多年努力，矿区复垦情况良好，原来的露天矿区已成为绿意盎然的生态园区。近年来，矿区中进行了多种农业产业项目探索，现有300座日光温室、16000平方米智能温室。空间建设还可以推进社会环境改良，安置失地农民200

图10-4-2 转型建设的平鲁矿区生态园区（来源：光明网）

余人，初步建成了集生态农业、生态旅游为一体的生态园区。目前，平鲁矿区已有安太堡西排土场、安太堡西扩排土场、安太堡内排复垦区、安家岭复垦区等六个复垦区（图10-4-2）。

除却环境治理方面，乡村区域的建筑其密度更低，和环境的融入程度更高。例如120师学校，位于吕梁市兴县蔡家崖乡五龙堂村，占地面积120亩。该地区的典型环境是沟壑黄土，传统建筑形态即是窑洞，砖石一度成为最主要的建筑材料。120师学校为呼应环境气候，以传统砖材作为外墙主材，并结合复合墙体构造，使得建筑保持本土特色同时适应当地气候条件（图10-4-3）。

建筑师尝试将学校和背景山脉融为一体，使得建筑如山峦重叠，连绵起伏。虽然建筑体量看似宏大，但它并不是突兀地出现在地块中，而是以一种贴近自然的姿态，融入当地的地貌、人文中，仿佛是从这块地中生长出来每一栋建筑的山墙所围合的空间，均是由实到虚，由室内到室外，互相穿

图10-4-3 吕梁兴县蔡家崖乡的典型地貌（来源：网络）

插交错。连续的山墙有中国书法行云流水般的气势，一气呵成。空间交接之处，均以庭院点缀，作为过渡，给建筑带来生机盎然的绿意。屋顶样式是对中国传统屋面形式的简化和提炼，采用新的材料新的手法表达出来，是新旧糅合的完美体现。建筑整体强调可持续性发展，充分结合当地的气候条件考虑节能要求，尽可能使功能空间沿南北向布置，朝南采光面较大，朝北减少开窗面积，提高建筑的保暖性能（图10-4-4～图10-4-6）。

图10-4-4 建筑与远处山形（来源：WAU工作室 提供）

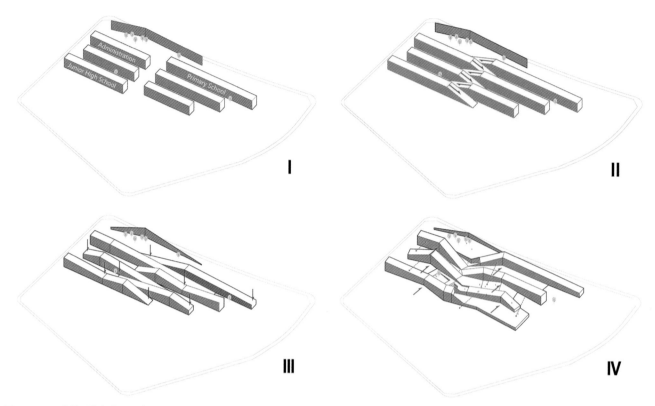

图10-4-5　建筑形体生成图示（来源：WAU工作室 提供）

图10-4-6　建筑屋顶平台（来源：WAU工作室 提供）

第五节　从物质景观走向文化景观

综上所述，在建筑实践创作过程中，根据建成环境的类型，可以分为城市环境和乡村环境，还可以进一步细分为公共建筑和居住建筑。各类建筑因为功能、规模、环境特征不同，所采取的应对策略故而有差异。公共建筑侧重在中观尺度对气候环境进行回应，对日照和景观有着强力需求，特别是综合应用环境要素塑造宜人的空间氛围，这对于少雨干燥的山西地区而言，有着更为重要的意义。在居住建筑的实践方面，则关注建造尺度的技术应用，将被动式技术和主动式技术整合，将传统建筑中院落尺度的基本原则延续到住区环境中。对于乡村环境而言，建筑与山水地貌有着更为直接的衔接，除了满足基本的物理环境和舒适度要求，还需要对视觉通廊、景观节点、形态呼应等方面进行回应。

农业时代，囿于生产力和技术条件所限，营造者所关注的时空维度是具体而微观的。现如今，即使只是一幢几百平方米的单体建筑，设计者也会考虑其对周边地段和日常生活的长远影响。虽然建筑与城市是物质空间，其却能够塑造文化氛围，带来使用者的行为和心性的改变。从物质景观转向文化景观，这正是地域建筑在当代重新发挥作用的关键所在。

第十一章　基于地段文脉的建筑实践创作

地段文脉是某一地段在历史发展过程中所形成的该地段特质的集成。地段文脉由显性因素和隐性因素构成。显性因素是指能被人感知的外在的地段特征，包括自然环境和人工建成环境，表现为建筑实体、城市空间、道路系统等。地段文脉的隐性因素，则包括地段中人们的生活方式、社会文化、审美观念等多方面的综合信息。地段文脉不是静态的，而是动态变化的，会显现出时代的适应性。

意大利评论家恩纳特曾提出，应该把建筑看作是和周围环境的对话，即：既有直接的物理层面关系又是历史的延续。[①]建筑作为物质载体，其任务就是通过形式和空间来展现地段文脉。地段文脉是建筑创作的限制条件，也是一种有效的，甚至是设计灵感的重要源泉，同时也是给建筑自身烙上地段特征的途径。[②]

关于建筑创作中传承地段文脉的设计策略与方法，我们可借鉴弗兰姆普顿在《现代建筑——一部批判的历史》一书中的主张，即"从传统化、地方化、民间化的内容和形式中找到自己的立足点，并从中激活创作灵感，将历史的片段、传统的语汇运用于建筑创作中，但又不是简单的复古，而是经过撷取、改造、移植等创作手段来实现新的创作过程，使建筑的传统和文化与当代社会有机结合。"[③]建筑师诺伯格·舒尔茨也曾在其著作《场所精神——迈向建筑现象学》中提到每个建筑都与特定场所链接在一起，而特定的场所则是由自然环境和人为环境有意义聚集的产物。因此，建筑师在进行建筑创作时，应该尊重建筑所处地段内的自然环境和建成环境，使新建建筑根植于特定的地段文化中。

---

① 魏秦，王竹. 建筑的地域文脉解析[J]. 上海大学学报. 2007(06).
② 孙颖，贺旭，李爱芳. 基于地段文脉的北京高层建筑地域性设计策略研究[J]. 华中建筑. 2011(02).
③ 肯尼迪·弗兰姆普敦. 现代建筑——部批判的历史[M]. 北京：中国建筑工业出版社，1988：135.

山西作为北方文化大省，拥有独特的自然地理环境和深厚的历史底蕴。在几千年的文明发展过程中，逐渐形成自己独具魅力的文化特征。在该地区现代众多的建筑创作实践中，有一批基于地段文脉的优秀设计案例，下文将从基于地段文脉显性因素的创作与对隐性因素的提炼及抽象表达这两个方面对其进行系统介绍与分析。

第一节　基于地段文脉显性因素的创作

地段文脉的显性因素包括地段内的自然环境、城市空间以及地段自身和周边的建成环境。也就是说，建筑创作应充分考虑地段自身及外部更大地域空间内的特点，新建建筑应注重与自然景观及人文景观的融合，且与既有建成环境在风貌上保持协调。

五台山国际度假酒店项目依托五台山风景名胜区，具有得天独厚的区位优势。场地对面为五台山游览服务中心和大型停车场、海会庵及规划中的五台山演艺中心——祈福宫。在这样的环境下，项目结合佛教圣地的人文景观，以创新的精神营造了一个新型的旅游度假宾馆。建设场地呈不规则四边形，地块北面为连绵起伏的山脉，南临已建成的进山公路。场地北高南低，落差较大，整个地势向西南倾斜。中部水系将建设场地分为南北两大部分。规划以跌落水景主轴为设计重点，以带状绿化为主要布置形式，结合步行系统将各组团有机联系起来，增强户外空间的连续性。酒店客房的平面布局以庭院园景和周围的山岭景观作为空间组织要素，最大限度地将基地周围的自然景观引入每一间客房，将建筑与自然融合在一起。在建筑单体的设计上，外立面采用坡屋顶，主色调采用灰色、白色及木料原色，无论是建筑形式还是建筑色彩均与自然环境相得益彰（图11-1-1~图11-1-3）。

山西省沁水县"远古鱼"购物中心项目，是沁水县首个大型建设项目。场地位于两条主河相交之处，东西长250米，南北方向仅有30米宽。地块四周均为机动车行驶的城市道路，建筑师受该场地奇怪形状的影响，设计了一个形如巨大的"远古鱼"建筑，形成如同购物街般的购物中心，回应了地段周边的自然及建成环境（图11-1-4）。

建筑分成三层，一层是一个个立方体的商店，二楼是像鱼脊一样透明的走廊，一直通到西边最高的咖啡厅。在咖啡厅里可以一饱外面的山水美景。而三楼，布局比较松散，看起来像传统的山西民居。西立面一直打开到城镇的公共广场，广场绿地和传统小径围绕一棵古老的树，为人们提供了可以放松休闲的环境。该项目充分利用了狭长的场地条件，并充分考虑了沿河一面以及地块东西方向端头的景观。"远古鱼"这一主题对临水这一地段环境做出了回应，同时，建筑形式也与周边传统街区在风貌上基本保持了一致（图11-1-5）。

晋中城市规划展示馆南侧为晋商公园，北侧为超高层、高层商业建筑，东侧为高层住宅区。展览馆用地位于公园与商住建筑之间，建筑采用舒缓平和的院落形式，作为公园的延续成为供市民休闲、信息交流、集会活动的重要公共场所。同时，作为北部新城沿经四路城市主轴的开端，展示馆代表着城市空间、形态发展的趋势与走向。两院嵌套的建筑构成模式关系简洁而空间形态丰富，既体现现代建筑的简约洗练又具有传统院落含蓄内敛的特性。坡至地坪的弧形屋面和开放景观平台与南侧公园呼应，使得公园优质的景观资源得以最大化的利用和延续。展示馆北侧与商业组群之间的

图11-1-1　忻州市五台县五台山国际度假酒店全景（来源：山西省建筑设计研究院 提供）

图11-1-3　忻州市五台县五台山国际度假酒店景观（来源：山西省建筑设计研究院 提供）

图11-1-2　忻州市五台县五台山国际度假酒店跌水景观（来源：山西省建筑设计研究院 提供）

图11-1-4　沁水县"远古鱼"购物中心方案效果图（来源：KUAN architects［UCD］ 提供）

开放广场空间，为由高层建筑到展览馆再至公园提供缓冲，使整个城市空间更加有序。该项目根植于地段，衔接了地段内南北方向的城市空间及景观，对传统的晋商大院进行创新性表达，既具有地域性，又具有时代性（图11-1-6、图11-1-7）。

五台山游客中心位于五台山风景名胜区旅游接待中心主要出入口处，西临清水河，东至基地规划路，南北界线由规划道路界定划分。整体用地呈梭形，建筑布局强调对地形及周边环境的把握，充分考虑与周边建筑立面造型的协调，做到中心内建筑形象的完整统一。另外，建筑设计运用生态设计手法，将清水河引入场地内部。在建筑设计中，运用起伏变化的造型，开合有度的空间组织，创造出了丰富变化的山

水景观建筑。建筑立面风格力求质朴，将现代设计手法与传统建筑风格相结合（图11-1-8、图11-1-9）。

上文介绍的大都是单体建筑，场地面积较小。下文将对更大尺度的优秀的城市设计或者居住区规划进行介绍。十二院城项目用地原为太原市新凯纺织厂，具有多年的经营历史，厂内树木等植被繁茂，主要分布于北部和东部区域。设计在满足整体里坊院落的风格下，尽量尊重场所原有的肌理特征，同时注重保留原有的空间记忆。整个设计运用对比的手法，对场地内现有建筑及景观进行有意识的筛选保留，把老的、历史的东西延续下来。最终在规划设计中被有意识地保留下来的老树，用自己身上那些岁月的痕迹诉说着新社区中的老故事，社区不论外部还是内部都具有强烈的可识别性

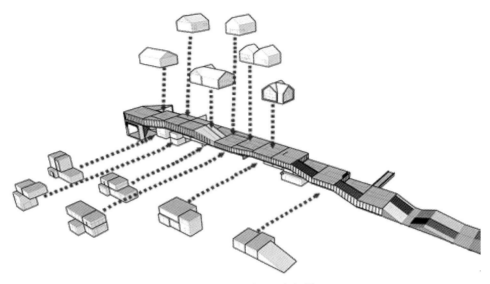

图11-1-5 沁水县"远古鱼"购物中心方案分析（来源：KUAN architects［UCD］提供)

图11-1-6 晋中城市规划展示馆地段及周边环境（来源：王鑫 摄）

图11-1-8 忻州市五台县五台山风景名胜区游客中心（来源：山西省建筑设计研究院 提供）

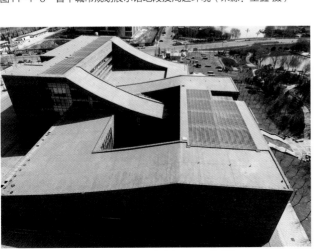

图11-1-7 晋中城市规划展示馆内院（来源：王鑫 摄）

图11-1-9 忻州市五台县五台山风景名胜区游客中心屋顶（来源：山西省建筑设计研究院 提供）

图11-1-10　太原市十二院城内的树木（来源：王戈工作室 提供）

图11-1-12　运城市池神庙周边地段规划设计方案鸟瞰图（来源：《基于地域文脉的建筑设计》）

图11-1-11　太原市十二院城内的景观（来源：王戈工作室 提供）

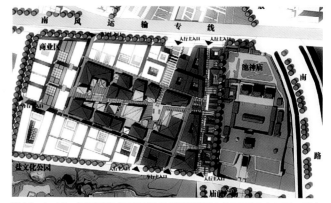

图11-1-13　运城市池神庙周边地段规划设计总平面图（来源：引自《基于地域文脉的建筑设计》）

和心理归属感，因而整体的设计更富有逻辑性、人文色彩和趣味性（图11-1-10、图11-1-11）。[①]

　　运城市池神庙周边地段的规划设计也是一个典型的基于地段文脉的实践。运城作为华夏文明的起源地，自尧舜时期开始就一直有人类在此活动，并以盐池为核心发展建设了如今的运城市区。[②]池神庙作为盐池生产的监管机构，是盐池文化重要的物质载体。重新规划建设的地段位于山西省运城市城南门户区域，南部紧邻盐池，西部包括了省级重点文物保护单位——池神庙。项目从地段文脉着手，制定了延续池神庙和盐池文化脉络及空间特色的设计目标。具体的设计策略包括：协调以池神庙为核心的原有地段的空间轴线与现有

城市空间结构之间的关系；在遗址保护范围以外对新的文化商业建筑的风貌进行控制，对紧邻文物古迹的建筑高度、建筑及街巷的空间尺度进行限制；为了解决池神庙以及城市目前建成环境之间的矛盾，方案建筑风格处理上分片区分别对待，临近城市片区的商业建筑现代大气，以方形体块为主，与城市现代建筑风格相统一，临近池神庙的商业建筑则体现与池神庙的融合，采用坡屋顶和土色墙面，质朴敦实。另外，在建筑色彩及材质方面，方案提出使用城市建成环境中比较普遍的白色、熟褐色和深灰色，材质则相应选择了白墙、灰砖、灰瓦等具有地方韵味的材质，现代大方又与周围环境和整体城市风格协调统一（图11-1-12～图11-1-15）。

① http://www.ikuku.cn/project/shieryuanchengwangge-2
② 王朝霞，冯伟，张崇. 基于地域文脉的建筑设计——山西运城池神庙周边文化商业建筑群规划设计[J]. 华中建筑. 2012(08).

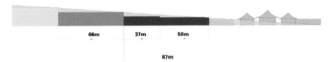

图11-1-14　运城市池神庙周边地段规划设计建筑高度控制（来源：《基于地域文脉的建筑设计》）

图11-1-15　运城市池神庙周边地段建筑设计（来源：《基于地域文脉的建筑设计》）

第二节　地段文脉隐性因素的抽象表达

地段文脉的隐性因素不像显性因素可以直接表达与传承，它需要我们在一定的经济、社会、文化背景下，系统地了解地段特质形成的过程并对地段内人们的生活方式、审美观、空间观念进行深入的分析，总结能够产生地域认同的各类要素并提取原型，对其进行进一步抽象转换，进而形成适应时代的新的建筑形式。经过这样一番由表及里再到表的过程，最终的建筑创作相较直接撷取地域传统建筑语汇的手法，具有一定的创新性。地段文脉隐性因素抽象表达可分为文化象征和氛围营造两种：文化象征表达了对地段传统历史文化的传承与尊崇；氛围营造则是对空间、环境甚至生活情景的再现，更注重身处建筑中人的切身体验。

一、文化象征

运城市黄河文化博物馆在建筑形式上采用了叙述性设计

的手法。从对地形的总体把握入手，进行形式分析和操作，以基本形体元素为基础形成一种既复杂又十分明晰的构成形式，使建筑能更加丰富地表现出外表造型以外的内涵与意义。建筑采用椭圆形平面，使各方向立面平滑过渡浑然一体。椭圆的形状及仿木格栅的运用，使人们观看时产生"直根""摇篮"的联想。方案运用最基本的形体元素及其象征意义来表达黄河及晋南地区的根祖文化（图11-2-1、图11-2-2）。

新建临汾博物馆场地选址位于尧都景区标志建筑华门周围的圆形用地内，该方案设计入手的基点和探索的难点在于：如何使新建临汾市博物馆与华门建筑景区相融相生，相得益彰。[①]方案受临汾古观星台形态启发，以山为枕，以河为带并在建筑入口之前形成临汾城市独特的群落建筑广场，作为文化园区内公众参与、交流的中心，进一步弘扬临汾古都尧文化的图腾意念。方案设计本着"有机建筑"的理念，诠释了"珠联璧合，凰舞图腾"的文化内涵，营造了一处让现代人重新思考时间、空间、天地、自然的环境（图11-2-3）。

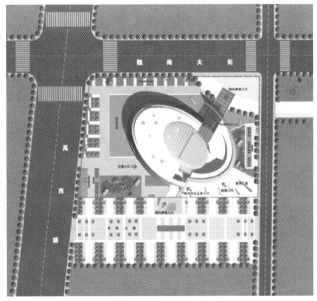

图11-2-1　运城市黄河文化博物馆总平面图（来源：山西省建筑设计研究院）

---

① 周涛. 朱圆壁合，凰舞图腾——记临汾市博物馆设计[J]. 华中建筑. 2010(09).

图11-2-2　运城市黄河文化博物馆（来源：山西省建筑设计研究院 提供）

晋中博物馆（档案馆）通过对周边环境城市整体规划及历史文脉的解析，以演绎"商之魂、城之势、院之韵、工之美"为创作理念。建筑以曲折抬升的天际轮廓，象征着晋商艰苦创业，长途跋涉的经商之路；斑驳的砖墙立面，厚重的建筑体量，体现出饱经沧桑的古城风貌；"城"上一扇古朴的木格窗，成为室内外视觉的焦点，营造出博物馆特有的文化氛围，寓意文化之窗；大尺度切角屋面设计灵感源于晋中大院传统民居单坡屋面形式，并加以提炼，体形简洁而极具雕塑感，具有浓厚地域特色；建筑主体基座以精巧砖饰构建，展现了晋中地

图11-2-3　临汾博物馆（来源：网络）

区传统建筑装饰的大工巧艺（图11-2-4~图11-2-8）。[①]

二、氛围营造

"又见五台山"剧场前由高到低排列形成的"经折"空间建构了内涵丰富的精神场所。让观众在一场场跌宕起伏的"经折"之间驻足凝思，展开自己与空间、情景之间的对话，从而激发出观众的心理体验和精神感受。场地当中一石、一木的光影变幻，记录着时间的过往、生命的轮回，让人抛弃世间的杂念，开阔眼界和胸襟，感知佛陀的智慧。这不仅带来感官上的震撼，更多的将引发观者的思辨（图11-2-9、图11-2-10）。

云冈石窟博物馆则充分展现了宗教信仰者的虔诚，设计者希望今天的人们也能够带着朝圣的心来体验古人的虔诚。为了营造这样的氛围，方案在北面主入口设计了一个半圆形下沉广场，到达这里，人们需穿过23条同心圆的放射状狭长道路，这种仪式感很强的道路犹如漫漫追寻之路，又如佛光指引人们来到这里，它更是过去与现在的时光隧道——把人们从一千多年前的北魏带到现代（图11-2-11）。

① 赵晓星. 地域文化下的晋中博物馆建筑设计[J]. 山西建筑. 2013（16）.

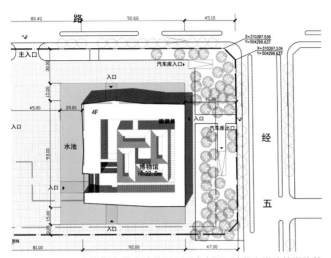

图11-2-4 晋中博物馆/档案馆总平面图（来源：清华大学建筑学院单军工作室 提供）

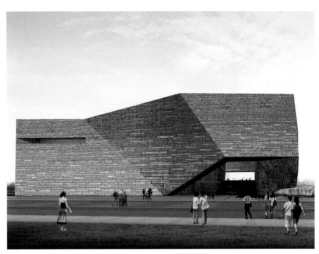

图11-2-7 晋中博物馆/档案馆北立面图（来源：清华大学建筑学院单军工作室 提供）

图11-2-5 晋中博物馆/档案馆室内（来源：清华大学建筑学院单军工作室 提供）

图11-2-8 晋中博物馆/档案馆效果图（来源：清华大学建筑学院单军工作室 提供）

图11-2-6 晋中博物馆/档案馆鸟瞰（来源:清华大学建筑学院单军工作室 提供）

图11-2-9 忻州市五台县"又见五台山"剧场（来源：北京市建筑设计研究院有限公司 提供）

图11-2-10 忻州市五台县"又见五台山"剧场鸟瞰图（来源：北京市建筑设计研究院有限公司 提供）

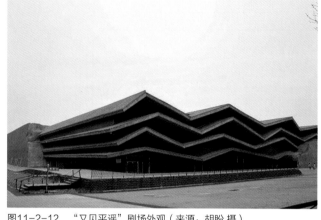

图11-2-12 "又见平遥"剧场外观（来源：胡盼 摄）

图11-2-11 大同云冈石窟博物馆（来源：北京新纪元建筑工程设计有限公司 提供）

图11-2-13 "又见平遥"剧场室内（来源：胡盼 摄）

"又见平遥"剧场与两千年的平遥古城遥相呼应。剧场内部有着繁复和奇特的空间分割，完全不同于传统剧场。没有前厅，没有主入场口，没有观众席，没有传统舞台。如平遥古城的平面形制，观众从不同的门进入剧场，在80分钟的时间里，步行穿过几个不同形态的主题空间，就如行走在古城内车马喧嚣、生活气息浓郁的街道上，表演者更深入观众中间，让观众有机会成为戏剧的一部分。剧场不再是简单的观演空间，而是对平遥古城日常生活空间的再现（图11-2-12、图11-2-13）。

第三节 纵横结合的调和统一

综上，基于地段文脉的优秀建筑创作，既需要在纵向历时性上体现与传统历史文化的对话及对传统建筑文化价值的超越；又要在横向上与所处时代文化对话并与其他建筑文化交融，吸纳其他建筑文化的优势。换句话说，建筑地段文脉的纵向传承需要对地段乃至地域建筑原型进行挖掘，以建筑原型作为研究途径，从中发掘其永恒的内在机制与基本的建筑原则；而横向传承则是在一定的经济、社会、文化等综合因素影响下新建筑的自我调节，最终达到与建成环境在整体上协调统一。

第十二章　基于建筑材料地域化的建筑实践创作

　　传统建筑地域特色十分鲜明，这当然是由多方面因素而形成的，但在这些因素中，地域建筑材料所起的作用尤为突出。这是因为材料往往决定着结构形式，而结构形式则往往直接地表现为建筑的形式——它的外观及内部空间划分。传统建筑多就地、就近取材，不会花费大量人力、物力从遥远的外乡去购置并运送建筑材料，而一个地区所能使用的原始天然材料如土、石、竹、木、草等，又必然受到当地地质构造和气候条件的影响。山西素有"表里山河"之誉，东太行、西吕梁、北长城，西部、南部为黄河，形成相对封闭和独特的区域。即使在这相对封闭的区域内，各地地形地貌也大为不同，从而形成各自更有特色的建筑。比如晋中盆地深宅大院多以砖木为主要材料；晋西黄土高原窑洞以黄土为主要材料，而东部太行山区多以砖木以及石头为主要建筑材料。

　　传统建筑对应着传统材料的建构方式，建筑的形态在不同的时期总是随着新材料的出现发生相应的变化，而新材料和技术的发展也给传统建筑材料带来很大的挑战。21世纪随着科学技术的快速发展，新材料的出现，传统建构方式多已式微，出于环境保护许多传统建筑材料比如天然石材、木材、黏土砖等也已禁止开发，传统建筑材料已不能再完全沿袭传统建筑的表现道路，但地域材料的色彩、质感、纹理等属性，经过历史悠久地使用已经深深融进了传统建筑文化中，甚至成为一个地域文化的重要载体。它带给观者的感受是其他建筑要素所不能取代的，在突出建筑的地域特色和传统文化方面，传统建筑材料绝对是一个不可或缺的重要角色。传统建筑材料需要与时俱进与现代建筑相结合，传统材料与现代建筑形式的结合一方面能增添现代建筑独特韵味，另一方面给新材料提供了一个新的发展平台。

第一节　传统建筑材料在现代建筑设计应用的价值

传统建筑材料主要指传统土木建筑结构所有材料的总称，主要包括烧制品（砖、瓦类）、砂石、灰（石灰、石膏、菱苦土、水泥）、混凝土、木材等。其中石材料耐磨性好，因品种差异色彩种类繁多，质感丰富，不同的工艺赋予石材或光洁，或粗糙的表面效果；高贵石材如汉白玉，象征皇家建筑的至高无上，而未经雕琢的石材带来原始的粗犷感，能给人亲近自然的感觉。砖多为青灰色，有泥土的朴实，不同的砌筑方式能带来完全不同的肌理。木材料具有强度高、易加工、外观美的特点，朴素、多为暖色、自然的纹理、弹性的触感。传统材料曾经为传统建筑发展发挥了重要的价值，如果传统建筑材料还是停留在传统建筑领域，拒绝吸收外来信息、资源，那么对于传统材料无异于阻碍自己的生存与发展。只有发掘具有历史积淀的传统材料的潜能，才能真正使传统材料在新时代的建筑设计中焕发新的生命力。传统地域材料在现代建筑设计中应用，具有以下价值：

一、增添现代建筑的审美文化价值

建筑材料是建筑的重要载体，不同的建筑材料带给建筑不同的视觉感受。20世纪的现代建筑风格是在新材料、新技术不断发展下应运而生的，符合社会快速发展的需要，但同时现代建筑对传统材料的拒绝使现代建筑一度陷入了停滞不前的局面。人们工作、生活在钢筋混凝土的丛林里，缺乏了一种质朴纯真的审美表现。传统建筑材料以天然的土、木、石等材质为主，塑造质朴自然的环境氛围，这也迎合了当代人崇尚自然、渴望亲近自然的需求。传统建筑材料具有的质朴性，给流光溢彩的现代建筑增添了一份纯真，增添了现代建筑的审美文化价值。

二、增添现代建筑历史文化底蕴

随着现代主义风格在全球的蔓延，建筑师们纷纷将目光投

向了混凝土、钢材和合成材料等新型材料，而砖、石、木等作为历史文化载体的传统建筑材料在现代建筑上的运用就比较少见。传统建筑材料对延续建筑的地域文脉、维系人们的历史情结与归属感起到非常重要的作用，它们在当代建筑中的再生可以进一步推动建筑和建筑文化的发展。传统建筑材料以其传统、自然、亲切的特征扮演着重要角色，它的魅力在于可以增添现代建筑的历史文化底蕴，值得今天的建筑师去挖掘和丰富。

第二节　传统建筑材料在现代建筑中应用的形式

在全球一体化发展的今天，世界文化和传统地域文化不可避免地会交织在一起。我们要以发展的眼光来看待当地的传统材料，打破狭隘的空间概念，吸取时代精华，注重创新，才能顺应时代潮流的发展要求。当今新工艺、新技术的高度发展，给传统材料的发展提供了一个新的平台。新材料和新工艺、新技术的结合摆脱了传统材料自身材料的局限性，扩展了应用范围和表现方式。传统建筑材料在现代建筑设计中主要以下几种方式和现代建筑设计来相契合，绽放出新的生命力。

一、传统材料以新的建构方式传承传统文化

随着建筑材料工业技术的发展，砖、石、木等传统材料的特征属性已经发生了变化。以砖为例，传统的砖是用来承重的，然而当代绝大多数建筑采用混凝土框架结构承重，黏土砖则只作为非承重的填充墙。为了延续黏土砖建构的传统文化，多采用贴面形式的面砖来代替黏土砖，和传统建构方式相比，此时的面砖仅起表皮装饰性功能。类似"砖/面砖"这样的问题还有"砌筑石材/干挂石材"、"木构架/木质板材和杆件"等，当代建筑工业已抽空了传统材料建构的"本体"内涵，传统材料建构的本体作用与表现意义已经产生了一些分离。传统材料的结构功能逐渐隐退，在当代建筑应用中体现出单一的围护特性，传统材料出现了表皮化的倾向。

图12-2-1　"又见平遥"剧场1（来源：胡盼 摄）

建筑表皮层化的建造方式逐渐取代整石结构，围护结构不再由单一的材料构成，各种不同的材料分别担当不同的功能，层层相叠构成墙体。传统材料的意义其实已由第二类体系的"砌筑"向第一类材料的"编织"转换。传统材料就应该表现出作为表皮的"浅薄感"，这样才可以称为"忠实"和"清晰"。在新时代建筑中，表皮获得了结构和表现的双重独立，成为建筑的主体角色。这种表皮的建构方式突出了材料的质感、肌理、色彩等美学效果，传统材料如砖、石、木等的灵气被重新挖掘。将作为表皮的当地传统建筑材料运用到现代建筑设计中，使建筑与当地环境和历史文脉相协调，同时可以展现出强烈的地域文化。

　　在又见平遥剧场设计中，建筑师就通过运用黄土土坯、灰砖、灰瓦等山西传统建筑材料，通过对平遥古城进行系统化的阅读、解析、萃取、抽象、重构，实现古城与新建建筑的相似性同构，成功探索了在世遗控制区里进行大体量地域建筑设计的理论和方法等问题。传统建筑立面中屋顶所占的比重比较大，远看建筑群就是一组层层叠叠的屋顶群像图，设计通过重叠起伏飞舞的瓦屋顶、深深扎入地下的厚重的黄土土坯重新塑造了传统建筑的意向，表现出山西传统建筑气势磅礴的气质。传统建筑中瓦是平铺在屋顶上的建筑材料，在又见平遥剧场的墙面上瓦却以多种竖向重叠的表皮方式重构，给人空透的感觉，和远处灰砖城墙的厚重形成对比，材

图12-2-2　"又见平遥"剧场2（来源：网络）

料的新旧两种建构方式虽然不同，但统一的材料质感使得新老建筑非常协调（图12-2-1、图12-2-2）。

二、将传统材料和新材料并置，体现现代感和传统性

　　建筑除功能性外，还具有文化艺术性，是城市文脉和历史的体现。以传统建筑材料构筑现代建筑，将传统材料与新材料、新技术相结合，使人既能领略建筑物的现代气息，又可以体会到悠远的传统建筑文化。传统材料与新材料的结合，是在现代主义的功能化和理性化中加入了民族主义、浪漫主义的成分。新旧材料交替的建筑是时间与历史走过的痕

迹，是新旧时代更替的象征，暗含着勃勃的生机。

祁县地处晋中盆地，以乔家大院为代表的晋商大院文化深厚。建筑以砖木结构为主，院墙及建筑山墙、后墙以厚重的灰砖墙面为主，大门门头注重装饰，和实墙面形成对比；朝向院落内的建筑立面则以木结构门窗为主，整个建筑给人厚重中带着精巧的气质（图12-2-3、图12-2-4）。

在祁县一中初中部的设计中，建筑师抓住了晋商大院代表的地域气质特征，建筑主墙面选用陶土灰色面砖，屋顶选用灰瓦。屋顶的构成并不像传统的两坡硬山顶在屋脊交汇，设计有意将南北坡高度错开，两坡间做玻璃采光顶将天光引入黑暗的走廊，为学生课间营造出明亮、健康、舒适的交流环境。各教学楼山墙间嵌入大片玻璃将光线引入走廊，玻璃材质和山墙的陶土灰砖形成强烈的虚实对比。在各教学楼之间穿插进一座两层的连廊，方便了各楼之间的联系，也为

学生和老师间交流提供了一个桥梁。连廊平面为不规则折线形，围护结构选用彩色格栅，连廊平面、立面构成方式都和教学楼的传统灰砖直线立面形成强烈的对比，强调了现代化的教学环境以及对于深厚的传统地域文化的继承。教学主楼墙面主要采用陶土灰色面砖，局部采用银色铝板，同样强调传统陶土面砖粗糙质感和铝板光滑表面的对比，灰色厚重和银色轻盈的对比，通过传统材料和现代材料的并置更加强调出各自的特点（图12-2-5～图12-2-8）。

晋中城市规划展示馆同样是用传统材料和新材料对比来表达晋中大院文化的深厚底蕴和对美好未来的畅想。展示馆两个院子采用嵌套的方式而不是传统的并列方式。青砖灰瓦的体块中嵌入巨大的落地玻璃，走近馆内，一股古朴与现代冲击撞出的灵性便扑面而来。建筑主墙面采用大块的深灰色石材仿传统砌筑城墙用的大块灰砖，屋顶采用灰砖平铺，而局部地面则采

图12-2-3　祁县一中初中部教学楼透视图1（来源：刘进红 绘）

图12-2-5　晋中城市规划展示馆鸟瞰图（来源：王鑫 摄）

图12-2-4　祁县一中初中部教学楼透视图2（来源：刘进红 绘）

图12-2-6　晋中城市规划展示馆南立面（来源：刘进红 摄）

用灰砖侧铺，和乔家大院色调、用砖方式都很一致。单坡屋顶和平坡屋顶高低起伏、穿插组合，模拟乔家大院屋顶意向。退进体块间的大面积玻璃更强化了凸出的建筑体块，玻璃以消隐的方式衬托出灰砖的厚重。晋中城市规划展示馆以新老材料并置的建构方式，承载着晋中的过去、现在和未来，让每一个置身其间的游客，自由穿梭时空，开启一段历史韵味和科技趣味交融的旅程。传统材料的不同特性与新材料结合，采用对比的手法，既突出了新材料的新颖时尚，也体现传统材料的文化韵味，使建筑兼具古典气质与现代风貌。

三、新材料转译传统建筑材料意向表达对传统的尊敬

新时代随着各种新材料、新技术、新工艺的不断涌现，打破传统直角建筑形态的各种参数化曲面建筑形态不断出现。在新的曲面形态建筑中，运用传统建筑材料表达传统意向往往比较困难，因为传统材料的建构方式不太适应新的曲面形态，而此时借用既能转译传达出传统建筑材料的相似美学又能很好地适应曲面形态的新材料，比如运用可塑性强的金属板材料就能取得技术和艺术上都令人满意的效果。

大同云冈石窟是首批全国重点文物保护单位，2001年12月被联合国教科文组织批准列入"世界文化遗产"名录，2007年5月成为国家首批5A级旅游景区。石窟依山开凿，规模恢宏、气势雄浑，东西绵延约1公里，窟区自东而西依自然山势分布。洞窟区最显著的建筑材料就是黄色的天然石材和石窟外木质结构建筑的本色（图12-2-9～图12-2-11）。

从景区入口西行自东向西浏览完石窟后，向南会看到连绵起伏的大面积屋顶呈波浪状像从地面自然生长出来的无

图12-2-7　晋中城市规划展示馆庭院内景（来源：刘进红 摄）

图12-2-9　大同云冈石窟外景（来源：网络）

图12-2-8　晋中城市规划展示馆立面材料（来源：刘进红 摄）

图12-2-10　大同云冈石窟外木建筑（来源：网络）

图12-2-11　大同云冈石窟景区总平面图（红色部分左为博物馆，右为食货商业街）（来源：网络）

限延伸，这个建筑是云冈石窟博物馆。因靠近石窟，博物馆表现得非常含蓄，屋顶与墙体结构混为一体，建筑向下进入半地下，屋顶紧紧爬在地上和地面景观融为一体。屋面材料选用了现代材料钛锌板，体现的是当代技术和社会面貌，而色彩古朴的深灰色却和传统建筑灰瓦屋面意境相似，给人舒展沉稳的气质。博物馆入口处的墙体由大面积玻璃和局部仿石窟黄色天然石材的干挂石材构成，和石窟周边环境非常和谐。独特的佛光之路设计，全部用当地砂岩古砖堆砌而成，这些古砖都是当地各处搜集的拆除古建筑的老砖，给博物馆增加了历史厚重感（图12-2-12、图12-2-13）。

从博物馆出来沿河向东走，进入食货商业街。食货商业街采用和传统商业街相似的原则，从小广场到尺度曲折的步行街，路线时而开阔，时而变窄，步移景异，使人有种穿越到《清明上河图》中街道上的感觉。商业街为灰瓦屋面，墙面仿《营造法式》宋朝建筑的做法，采用木材和白色墙面结合，给人简洁明快的感觉，展现了宋代建筑的魅力。博物馆和食货街两个相邻的建筑虽然分别运用了不同的方式和不同的建筑材料，但两者都和石窟建筑及周边环境取得了协调，在石窟面前都展现出谦逊的态度，共同组成一个完整和谐的景区（图12-2-14、图12-2-15）。

图12-2-12　云冈石窟博物馆屋顶（来源：北京新纪元建筑工程设计有限公司）

图12-2-13　云冈石窟博物馆入口（来源：北京新纪元建筑工程设计有限公司）

图12-2-14 云冈石窟食货街街景1（来源：刘进红 摄）

图12-2-15 云冈石窟食货街街景2（来源：刘进红 摄）

图12-2-16 远看"又见五台山"剧场（来源：北京市建筑设计研究院有限公司 提供）

"又见五台山"剧场，位于五台山风景名胜区新旅游服务基地山脚下，在剧场设计中，建筑师同样运用新的建筑材料来表达传统建筑的美学境界。"又见五台山"剧场，由一个长131米、宽75米、高21.5米的大空间构成，能够容纳1600名观众。在环境优美的山峦间建造这样一个体量巨大的建筑，首先要面对的就是如何削弱建筑体量来减小建筑对山体景观造成的压迫感，并且要使建筑成为景观的一部分。设计首先将建筑化解为多个高低不同的屋顶，这些屋顶前后交错、此起彼伏，状似周边连绵不断的山脉。在材料上，选用黑白灰深浅不同的光面铝板以及石材模拟远近不同层次的山峦叠嶂。这些不同材质的表皮，通过材料的反光和透射的特点，将体量化解为不同尺度的起伏的图案，不同程度地影照着周围的景象，蓝天、白云、山峦、树木，也包括身处其间的观众，一切尽在似有与似无之间，极大地消解了建筑物的轮廓线，化解了建筑体量对周围环境的压力（图12-2-16）。

置于剧场之前的是长730米、徐徐展开的"经折"，上面刻着"经中之王"的《华严经》经文，形成七个"经折"空间，由高到低排列形成渐开的序列。建筑师就是通过把体量分散，从而形成序列空间，通过能反射环境的镜面材料将建筑融于环境之中。观众从进入"经折"开始，演出就已经开始，风铃宫就是从室外延伸至室内的剧场。这一多重演绎的"经折"借助于中国传统造园的方式，让观众在一场场跌宕起伏的"经折"之间驻足凝思，展开自己与空间、与情景之间的对话，从而激发出观众的心理体验和精神感受。

在场地景观设计中，采用石块形成枯山水的意向，而在墙面近地处建筑体量凹进去和上边体量区分开，用模拟水波纹形状的石材铺贴，在灯光照射下，立面水波纹和平面石

图12-2-17   "又见五台山"剧场墙面材料局部（来源：北京市建筑设计研究院有限公司 提供）

块共同组成了一幅富有禅意的枯山水。上边体量的石材大尺度地模仿起伏的山形，和深浅不同的镜面铝板有异曲同工之妙。场地中一石、一木的光影变幻，记录着时间的过往、生命的轮回，让人抛弃世间的杂念，开阔眼界和胸襟，感知佛陀的智慧。这不仅带来感官上的震撼，更多地将引发观者的思辨。建筑师本人这样描述"又见五台山"剧场，"这是一个难言形状的建筑，这是一个正在消隐的建筑；这是一个可以聆听的建筑，这是一个可以对话的建筑；这是一个回顾历史的建筑，这是一个展望未来的建筑。"的确设计成功使大体量建筑达到消隐，达到了传统建筑融于环境的理念和传统建筑传达的精神境界，设计的成功和新材料的应用密不可分（图12-2-17）。

第三节　建筑材料的积极运用

当今新材料、新工艺和新技术不断地被发掘并应用到建筑中，传统建筑材料的运用应力图与城市的形象和文化内涵的总体构思相适应而不是仅满足于使用功能，应积极参与到环境创造中去，这样现代建筑才能更多元化、更个性化、更人性化。新的时代背景下，深入挖掘传统材料中蕴含的深厚传统文化，将其同现代建筑技术相结合，创造出新的具有地方建筑特色的建筑，既是传承地域传统文化，也是建筑发展多元化的必然趋势。同时，当代的技术和文化为传统材料在建筑创作提供了广阔的空间，为传统材料的认识解开了束缚。传统材料应该与时俱进，在现代新工艺和新理念的支持下不断地进化、改变，以其特有的方式演绎现代建筑，赋予建筑艺术以深层次的魅力。

第十三章　基于地域文化符号的建筑实践创作

　　关于"地域文化"，目前尚没有一个统一的、明确的定义，其多指在一定空间范围内特定人群的行为模式和思维模式的总和。一个文化区域的形成，既与历史传统有关，也与其所处的地理自然环境有关，可见地域文化具有鲜明的时间和空间属性，同时它又以无形的文化为核心，所以说地域文化是一个三维的概念。这就意味着，研究地域文化就必须牢牢把握它的历史性、地域性和文化特色，并把研究不同地域人的文化符号、行为模式及其发生、发展规律，作为地域文化研究的基本对象。

　　地域文化的内涵包括三个层次，即物质层面的、制度层面的和哲学层面的。物质层面的文化包括特定地域人的语言、饮食、建筑、服饰、器物等；制度层面包括特定地域人们的风俗、礼仪、制度、法律、宗教、艺术等；而哲学层面的文化则指特定地域人们的价值取向、审美情趣、群体人格等。[①]制度层面及哲学层面上的内容差异是导致地域文化在物质层面上呈现出来的巨大差异的根本原因。

　　德国的卡西尔以"符号"系统来诠释文化，符号是通过它的形式及其结构表征传达着某种意义。地域文化说到底是由特定的自然地理环境、人们的生产生活方式及历史文化传统决定的，经过长期的发展与积淀最终也会借由一套符号语言来表达独特的地域特点。这些符号根据其内容可以被划分为物质形态的和非物质形态两类。具体而言应该包括独特的自然地貌特征、传统建筑符号、民俗手工艺及历史遗迹等。

　　以下将从这四个方面对山西现当代优秀的地域建筑创作实践进行介绍：

---

① 张凤琦. "地域文化"概念及其研究路径探析[J]. 浙江社会科学, 2008(4): 50, 63-66, 127.

第一节 自然环境的抽象表达

太原美术馆位于长风文化商务区的核心区——文化岛平台，建筑造型灵感来自于极富山西特色的晋中梯田地貌，力图创造一个由一系列连续性的内外空间组成的综合体。美术馆蜿蜒曲折的形式像传统山水画一样以散点透视的方式提供给游赏者步移景异的空间体验。一条自室外开始的坡道在建筑内外纵横，连接了多个丰富的诸如硬地广场、草坪以及雕塑花园的空间。建筑与景观的有机融合使得美术馆得以在应对汾河风光带的大格局的同时确保自身空间序列的完整性与特殊性。[①]该项目是对地域内独特的自然地貌的创新性表达，是基于传统园林丰富的观赏体验的创作。另外，由于项目所处地段——文化商务区具有城市标志性、展示性的特征，该建筑形体又不乏张力与动感（图13-1-1、图13-1-2）

山西120师学校，从当山地台院地民居的建筑形式中汲取灵感，形成的屋顶退台为学生的课外活动提供充足的场地，丰富了学生活动空间。另外，建筑形体形成的起伏动态则是对当地地形、地貌的隐喻，山峦起伏与斜坡屋顶形成呼应。通过对当地建筑形式语言的提取及对自然环境的呼应，项目在一定程度上反映了在地的文化内涵（图13-1-3~图13-1-6）。

图13-1-2 太原市美术馆（来源：王鑫 摄）

图13-1-3 吕梁市兴县120师学校屋顶（来源：WAU工作室 提供）

图13-1-1 太原市美术馆室外坡道（来源：王鑫 摄）

图13-1-4 吕梁市兴县120师学校屋顶轮廓（来源：WAU工作室 提供）

① http://www.archreport.com.cn/show-6-435-1.html

图13-1-5 吕梁市兴县120师学校（来源：WAU工作室 提供）

图13-1-6 吕梁市兴县120师学校中部庭院（来源：WAU工作室 提供）

第二节 传统建筑元素的延续

传统建筑无论其平面布局还是其常用的材质、颜色等，均植根于独特的地域环境。它体现了某一地域内人们的价值取向、艺术水平、社会风俗、生活方式以及社会行为准则等各个层面的内容。现当代地域建筑实践多选择攫取部分传统建筑符号，通过变形、错位、转换等手法，达到"似是而非"的视觉效果。既延续了传统地域建筑元素，又通过再创造，具有时代特色。

位于长治市武乡县的八路军太行纪念馆，是一座全面反映八路军抗战历史的大型革命纪念馆，该纪念博物馆背倚凤凰山、东眺马牧河，坐北朝南。建筑平面采用"工"字形布局，中堂及两侧局部屋顶采用攒尖这样的传统样式，并铺盖绿色琉璃瓦。建筑正立面局部采用柱廊，虚实相间，富有韵律。在2004年扩建后，原馆序厅被打通，这就进一步强化了入口广场、序厅、后庭院、凤凰山、纪念碑这一贯穿纪念馆的中轴线，使室内室外、展览空间和室外环境、参观空间和休息空间得到了协调统一。对传统屋顶及柱廊元素的运用使得整个建筑变得庄严，对传统空间序列的沿用则令参观过程的仪式感变得更加强烈（图13-2-1、图12-3-2）。

图13-2-1 长治市武乡县八路军太行纪念馆（来源：山西省建筑设计研究院 提供）

图13-2-2　长治市武乡县八路军太行纪念馆鸟瞰图（来源：山西省建筑设计研究院 提供）

图13-2-3　太原市晋祠宾馆建筑（来源：网络）

图13-2-4　太原市晋祠宾馆园林（来源：贝尔高林国际（香港）有限公司 提供）

晋祠宾馆的改扩建工程，将建筑、园林景观、现代设施融为一体，最终达到自然与建筑、古典与现代的和谐统一。建筑采用传统的屋顶形式，色彩以灰色调为主。宾馆园林环境融中国传统造园艺术与西方古典造园艺术于一体。馆内近有九龙湖波光粼粼，远有悬瓮山风光旖旎，叠石涌泉、廊桥亭榭与绿树花草浑然一体，相得益彰，形成"园中有园，景中有景，景随步移，天然成趣"的园林景观。建筑与园林相辅相成，古典的形式结合现代的材料及营造手法，该项目将传统的建筑和园林语汇在现代重现（图13-2-3、图13-2-4）。

晋城博物馆是一座地方综合性历史博物馆，原称晋城市古建筑艺术博物馆。整个建筑以公园为背景，依山而起，借势而生。设计者将我国传统建筑的重檐翘角、耍头下昂等特点溶入现代建筑的表现形式中，成功地为现代建筑的水泥匣子注入了传统文化的灵魂，使冰冷的钢铁与玻璃产生了浓浓的传统地域特色（图13-2-5）。

山西博物院的造型体现了古人"如鸟斯革，如翚斯飞"的审美取向。主馆的主题形象，被赋予了"斗"和"鼎"的寓意，"斗"象征丰收喜悦，"鼎"象征安定吉祥。（图13-2-6）

入口处的构架柱廊，墙身上水平伸出梁头，四角的青铜立柱，基底处的外墙分格花式等利用建筑构件原型的概括、变形、重构，映射着山西博大浑厚的文化背景。外部空间设计采用传统的院落组合手法，生成"太极中央，四面八方"之势，利用水池、叠水、壁画、雕塑等景观设计创造文化氛围，从而达到空间的层层递进，引导人们进入有知、有感的历史时空境地（图13-2-7）。①

山西饭店是一个集餐饮、客房、会务会展、商务接待、休闲娱乐为一体的高星级饭店。建国60多年来，一直是山西省政务接待的重要场所。2012年，饭店升级改造，屋顶形式、檐口构造、色彩及装饰均采用山西明清古建风格，山西饭店成为向人们展示山西艺术风采的主题文化酒店（图13-2-8、图

① 刘军. 山西博物院建筑与陈列[J]. 建筑创作. 2010(10).

图13-2-5   晋城博物馆（来源：引自《环境的融借与超越》）

图13-2-8   山西饭店（来源：王鑫 摄）

图13-2-6   山西博物院（来源：山西省建筑设计研究院 提供）

图13-2-9   山西饭店入口（来源：王鑫 摄）

图13-2-7   山西省博物院入口柱廊（来源：山西省建筑设计研究院 提供）

13-2-9）。

山西省图书馆在建筑造型上，将传统院落屋顶的形式与机理进行了抽象与重构，采用山西传统民居外围高内部低的单坡屋面造型。建筑主体较高的部分利用充满韵律的竖向密肋的手法，传递出传统古建中"瓦"的肌理特征。两条折线形主体之间形成的条形中庭空间，通过内表皮青砖材质的含蓄表达，营造着一种来自传统院落，街巷空间的内涵（图13-2-10～图13-2-12）。①

大同机场航站楼吸取山西大同传统建筑外雄内秀的特点，建筑造型很有表现力。项目采用传统坡屋顶，两坡在剖面上却有很大的差别，陆侧平缓空侧陡峭，颇有山西民居长短半边坡的意味，并且实现了形式与功能的高度统一。另外，两屋面交汇于顶部桁架，形成屋脊。项目对桁架的杆件形式进行了比较和优化，原本工业化的金属桁架由于对曲折顶面的控制呈现出一组组梯形的体量，有了雕刻的味道，以一种抽象的形式表达了屋脊上传统石刻纹样的意向（图13-2-13～图13-2-15）。②

武宿国际机场新航站楼，在航站楼构型上，根据用地的实际状况及航站楼的功能特点，采用45°斜向发展的方式，

图13-2-11　山西省图书馆立面肌理（来源：王鑫 摄）

图13-2-12　山西省图书馆内院（来源：王鑫 摄）

图13-2-10　山西省图书馆（来源：王鑫 摄）

图13-2-13　大同机场航站楼（来源：中国建筑设计研究院 提供）

---

① 侯东亮. 谈山西省图书馆的建筑设计[J]. 山西建筑, 2011, 37(34): 9-10.
② 崔愷,杨金鹏,陈帅飞,刘德,闫小兵. 大同机场新航站楼设计[J]. 建筑学报. 2014(02).

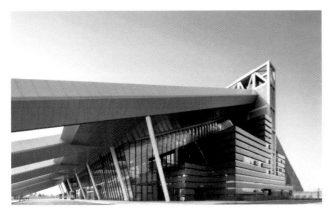

图13-2-14　大同机场航站楼2（来源：中国建筑设计研究院 提供）

图13-2-16　太原市武宿国际机场新航站楼（来源：山西省建筑设计研究院 提供）

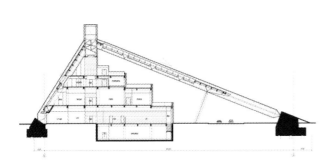

图13-2-15　大同机场航站楼剖面图（来源：中国建筑设计研究院 提供）

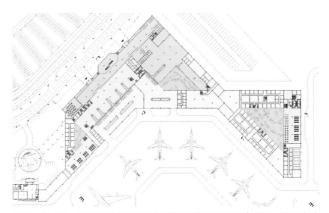

图13-2-17　太原市武宿国际机场新航站楼内院平面（来源：山西省建筑设计研究院 提供）

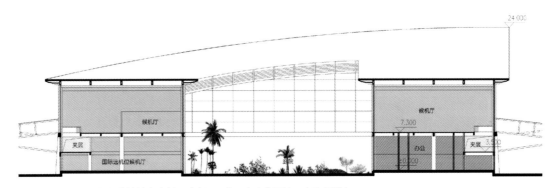

图13-2-18　太原市武宿国际机场新航站楼内院剖面（来源：山西省建筑设计研究院 提供）

巧妙处理主楼、指廊与现有航站楼的三者关系。主楼离港大厅采用24米及36米跨度，以保证室内的通畅空间效果，使之具有灵活性和互换性，并由功能特点衍生出三个极具山西地域特色的大院空间。内庭院也很自然地把国内、国际流程进行分流，创造了新颖的室内外环境体验，为太原武宿机场所独有，同时内庭院也可使新航站楼能有效地进行自然采光并在特定的季节通过内院形成自然通风，有效降低照明、空调系统的用电负荷，节约能源（图13-2-16~图13-2-18）。

图13-2-19　太原南站站房屋顶（来源：中南建筑设计院股份有限公司提供）

图13-2-21　太原南站站房屋顶天窗（来源：中南建筑设计院股份有限公司 提供）

图13-2-20　太原南站站房立面表皮（来源：中南建筑设计院股份有限公司 提供）

太原南站项目是山西第一座高标准、现代化的大型客运火车站，是太原市重要的交通门户，也是太原市标志性建筑之一。

该设计巧妙运用了结构单元体的概念，其中主站房屋顶钢结构单元汲取唐朝宫殿斗栱及飞檐的形象，伸展的屋顶及出挑深远的屋檐充分展示了中国传统建筑空间的华丽与典雅。站房立面上的仿青砖玻璃石材双层组合幕墙，其花纹样式不禁使人联想到山西传统民居中的门窗细节。站房顶面采光则借鉴了山西传统民居"亮瓦"的形式，采用了比玻璃更加轻便耐用的半透明聚碳酸酯材料，不但满足了大进深室内白天采光需求，更达到了保温隔热屋顶热工需求（图13-2-19～图13-2-21）。

第三节　民间手工技艺的提炼

民间的手工艺可以反映地域内人们真实的日常生活，它是一种无形的文化遗产。但是民间手工艺的直接产出物——艺术品，又是一种有形的物质文化遗产，它是传统手工艺的物质表现，记载了民间手工艺的某些信息、符号，这些符号也传达了人们对生活、土地的热爱以及对美好生活的希冀，反映出地域内人们共同的审美观。山西有着5000年的文明历史，文化底蕴非常深厚，拥有剪纸、堆锦、刺绣、雕刻、面塑等众多民间手工艺，对手工艺品进行符号化并运用到建筑创作中，可令创作的建筑作品具有鲜明的地域特色。

山西体育中心主体育场的形象取大鼓之形、灯笼之构、剪纸之饰为创意元素，使地域特征得到贴切的表达。场馆外形如大鼓，浑圆敦厚，具有淳朴内敛的气质。将灯笼的编织手法巧妙地运用到主体育场的幕墙结构体系(主体钢结构)中，同时提取山西地方剪纸艺术的图案加以运用，以中国红为主色调，以透明阳光板来模拟剪纸的图底关系，通过随机组合来形成表皮肌理。建成之后，阳光透过透明阳光板后，在体育场中将留下形似剪纸的淡淡阴影。这样的设计将山西丰富的文化内蕴延伸到现代建筑中，显得生动灵活，妙趣盎然，富有韵律。项目将传统的手工艺元素符号与现代材料结合，保护并传承了地域文化（图13-3-1、图13-3-2）。

图13-3-1　山西体育中心（来源：山西省建筑设计研究院 提供）

图13-3-2　山西体育中心入口（来源：山西省建筑设计研究院 提供）

第四节　传统空间格局的传承

晋国博物馆是一座集遗址保护、考古研究及陈列展示三位一体的，以保护研究为中心，同时兼顾旅游的综合性遗址博物馆。

晋国博物馆依托全国重点文物保护单位"曲村—天马遗址"而兴建，是国内完整展示晋文化的平台。博物馆的空间结构完全依照《周礼·考工记》中所述的"匠人营国，方九里，旁三门，国中九经、九纬，经涂九轨，左祖右社，面朝后市，市朝一夫"的营建理念。博物馆在原有遗址群轴线方位的基础上，以正方形"国"字平面形式控制场地，继承了古代先民关于都城、建筑乃至墓葬营造的空间图示，同时也体现了中国传统文化中的居中意识和天地意识（图13-4-1）。[①]

山西大医院，建筑风格融入山西地域文化特色，气势恢宏、古朴典雅。建筑布局采用九宫格的方式，将整个医院建筑划分为"上三宫"、"中宫"、"下三宫"、"左宫"、

图13-4-1　临汾市曲沃县晋国博物馆鸟瞰图（来源：网络）

图13-4-2　山西大医院（来源：山西省建筑设计研究院 提供）

"右宫"。上三宫为康复中心、综合住院楼和外科中心，中宫为门诊急诊医技区，下三宫为住院分中心、门诊区、行政区，左宫、右宫为自然庭院。[②]功能分区明确，内部交通流线清晰（图13-4-2）。

① 程睿. 以晋国博物馆为例谈遗产保护中的建筑设计[J]. 山西建筑. 2014(11).
② 张学锋,王国正. 山西建筑史——近现代卷[M].北京:中国建筑工业出版社,2016：439.

第五节   意义的传承

在建筑创作的过程中，地域建筑多少都会受有形或无形符号的影响。正如现代"符号学"的创始人索绪尔所述，"建筑的意义都是由符号的表现而产生的，如果建筑失去了符号的精神表达，就会失去了它的意义"。这些符号在建筑中除了既定的使用功能外，还能带给人们精神层次上的享受，传达所处地域人们的生活状态和社会信息。[1]也就是说，符号能够起到传递地域文化的作用。因此，新时期的建筑创作应该从符号意义的角度，将地域文化符号与建筑相融合，以满足地域性文化的延续。

① 陈佳佳. 浅谈建筑符号学在地域建筑设计中的应用[J]. 现代装饰(理论), 2012: 132-134.

第十四章 结语：探索具有山西地域特征的建筑实践之路

山西传统建筑遗存丰富、类型多元，在地域范围内表现出文化的多元与统一。就多元而言，晋北地处边塞、气候严苛，聚落以防御为先，建筑粗犷豪迈；晋东扼守太行井陉要道，区位优势促进城市建设与建筑发展，体现了军事文化和商业文化共同作用；晋西紧邻黄河，以黄土地貌最为典型，以窑居营造居住环境；晋中为多元文化汇集之所，兼顾儒家正统秩序与游牧民族随遇而安的秉性；晋东南连接晋、冀、豫等地，文化变迁活跃、时代特征明晰，建筑文化与时俱进；晋南历史根脉悠久、文化积淀厚重，聚落与建筑营造承载着耕读传家的隽永传统。

六大亚文化区域各有特点，仍同属于"晋"文化根系之支脉，同宗同源。一方面，山西为"表里山河"、"四塞之地"，其地势海拔、黄河水系、东西山脉等自然环境决定了与周边地区天然的地理分隔，保证了地域建筑文化的内聚性；另一方面，各亚区域大多属于"晋语"地区，语言与文化相互耦合，决定了各个时期建筑文化传播的一致性。

无论是从文化地理学还是历史学的角度切入，对于地域文化或者地区文明的解读总免不了进行多维度的对照，特别是跨地域的文化形态的比较。对于山西地区，其文化的内核也是在多次民族迁徙和文化融合的过程中形成的，自然地理和社会生活均发挥了重要作用。文化的内核与边界处于动态平衡的状态，一方面，边界区域处于扰动之中（如晋北和内蒙古，晋东和河北，晋西和陕西，晋东南和河南）；另一方面，中部的晋中地区始终在强化其中心的极核作用，向全省辐射政治、经济、文化的影响力。

整体而言，山西地区传统建筑，其基于环境气候、地段文脉、空间属性、地方材料、地域文化等方面进行营造。环境气候方面，多山地貌促生了窑居和台地式院落，日照充沛、多风少雨的气候条件使得合院建筑蓬勃发展；地段文脉方面，聚落和建筑营造秉承整体分析的思维，对山地、平川、水系综合考量，依次进行选址、营造和使用；空间属性方面，公共与私密兼有的院落空间是大部分建筑的"内核"，将外向的入口、堂屋和内向的居室相连接；地方材料方面，早期以土、石为主，因地制宜、便于获取，后期则以砖、木为主，体现了经济技术的发展；地域文化方面，多元文化和地段特征混杂交融，各类建筑兼有中正谐趣之意。

概而观之，山西传统建筑具有深厚的文化底蕴，凝聚了千百年来地方营造和生存的智慧，并且体现出强烈的内聚性和文化认同感。山西传统建筑文化的内核相当稳定，不因亚区域的异同和有明显变化。然而，建筑文化的边缘却又非常敏感，对于"他者"文化类型并不排斥，并能够因时而化，进行适当的吸收和融合。故而将山西传统建筑文化特征总结为如下八个字，内敛固本、与时相偶，[1]这亦是现当代建筑实践和创作的出发点之一。

山西近现代建筑实践是历史环境与社会文化综合作用的结果，传统建筑文化在新的时代语境中不断发生变化，体现

---

① 该提法参照了《山西文明史》（商务印书馆，2015年）中所提的"固本"与"求异"的观点，体现了山西传统文化中不变的内核部分，这与"表里山河"的地理环境和近世相对稳定的社会环境是相一致的。

了多元要素的融汇影响。一方面，近现代社会本身在政治、经济、交通、医疗、文化教育等领域的巨大变迁直接催生了新的建筑类型。另一方面，山西特有的地域文化始终在发挥作用，作为蕴含于建筑形式表象之下的内在逻辑，在建筑内外的各个层面上体现出来。

从传统到传承，山西地域建筑的发展路径清晰可辨。即山西六个亚区域各自具有鲜明的地域建筑特征，防守坚固、庄重敦厚的晋北传统建筑、适应自然、朴素有序的晋西传统建筑、中正雅趣、亦庄亦谐的晋中传统建筑、耕读文化、生态智慧的晋南传统建筑、严谨有序、时代风尚的晋东南传统建筑。六个区域共同构成了"内敛固本、与时相偶"的山西传统建筑，并在近代和现代时期，作为区域范围内的集体记忆和共同特征，在建筑和聚落环境中继续沿袭，并在环境气候、地段文脉、空间演化、地方材料、文化符号等方面得以表现。

进入近代时期，山西的建筑创作经历了传统样式与西方样式的简单并置、中西元素的折中直至融合发展。最终形成了新古典主义式的新建筑，既保留了传统式的主要特征——屋顶，又在空间构成、平面布局、立面形式、结构、材料和构造诸方面发展出了一系列符合功能特点和材料性能的新手法。

自20世纪中期以来，无论在规划层面还是建筑设计层面，山西地区的建筑设计表现出了对"苏联模式"的借鉴，并在很长一段时间出现了古典主义与现代主义建设并行前进的景象，对民族新式与地方形式的探索也初露端倪。

改革开放后，建筑行业同样面临着改革，建筑设计逐渐市场化、规范化。对外开放使得各类主义风格逐渐进入国内，在其影响下，新时期的建筑创作更加多元，同时也变得均质化起来。

近20年来，快速、大量的建筑创作缺乏地域特色，"干城一面"的现象让建筑行业的从业人员开始反思，对地域传统建筑的探索也逐渐活跃起来。新时期的地域建筑多是基于地方的环境气候、建筑材料、地段文脉，在研究地方建筑空间演化历史的基础上，攫取能代表地域文化的语汇，与现代材料技术相结合，创作出既有中国特色又有现代风格的新建筑。这些建筑侧重于精神意境、文化内涵的表达，传承的是文脉与肌理，这与之前的简单模仿相比有了明显的进步。

正如"内敛固本、与时相偶"所揭示的传统建筑文化特征，山西建筑所追求的是与时间、地段、环境等要素相契合的人居空间，除却外显的表现形式可以引起使用者和观者的情感共鸣，更重要的是，人居空间所承载的场所精神与人文内涵，在不同时代都具有鲜明的地域性，合宜且均衡，是内在秉性的自然呈现和表达。

参考文献

Reference

[1] 王轩. 山西通志[M]. 北京：中华书局，1990.

[2] 杨纯渊. 山西历史经济地理述要[M]. 太原：山西人民出版社，1993.

[3] 山西省地图集编纂委员会. 山西历史地图集要[M]. 北京：中国地图出版社，2000.

[4] 李玉明. 山西古建筑通览[M]. 太原：山西人民出版社，2001.

[5] 国家文物局. 中国文物地图集·山西分册[M]. 北京：中国地图出版社，2006.

[6] 邓庆坦. 中国近、现代建筑历史整合研究论纲[M]. 北京：中国建筑工业出版社，2008.

[7] 王恩涌. 中国文化地理[M]. 北京：科学出版社，2008.

[8] 王金平，徐强，韩卫成. 山西民居[M]. 北京：中国建筑工业出版社，2009.

[9] 单军. 建筑与城市的地区性[M]. 北京：中国建筑工业出版社，2010.

[10] 薛林平，赖钰辰，孟璠磊等. 西黄石古村[M]. 北京：中国建筑工业出版社，2010.

[11] 晋城市建设局. 山西晋城古村镇[M]. 北京：中国建筑工业出版社，2010.

[12] 邹德侬，戴路，张向炜. 中国现代建筑史[M]. 北京：中国建筑工业出版社，2010.

[13] 薛林平，侯磊，万干等. 得胜古村[M]. 北京：中国建筑工业出版社，2012.

[14] 柴泽俊. 山西古建筑文化综论[M]. 北京：文物出版社，2013.

[15] 薛林平，杨光，张稣源等. 湘峪古村[M]. 北京：中国建筑工业出版社，2014.

[16] 杨茂林. 山西文明史[M]. 北京：商务印书馆，2015.

[17] 王金平，李会智，徐强. 山西古建筑[M]. 北京：中国建筑工业出版社，2015.

[18] 王鑫. 晋中传统聚落与建筑形态[M]. 北京：清华大学出版社，2016.

[19] 张学锋，王国正. 山西建筑史（近现代卷）[M]. 北京：中国建筑工业出版社，2016.

山西省传统建筑解析与传承分析表

地域分区
- 晋北传统建筑
- 晋东传统建筑
- 晋西传统建筑
- 晋中传统建筑
- 晋东南传统建筑
- 晋南传统建筑

传统解析
- 山川险峻、胡汉交融、兵家必争、晋北锁钥、一脉相承、壮丽雄浑、质朴简约、寓意深刻、**住重敦厚、防守坚固**
- 太行腹地、古州平定、依山就势、聚族而居之、合院建造、层次分明、砖石建屋、建构家屋、源于乡土、**因地制宜、质朴亲和**
- 黄土丘壑、秦晋之交、汾州故地、水旱码头、层叠台院、器质同构、源于生活、质朴简洁、**适应自然、朴素有序**
- 晋地中枢、多元融汇、城乡同构、晋商生而居、差异格局、顺生而居、因料就饰、形格一体、**中正雅穆、亦庄亦谐**
- 与天为党、土商渊薮、工商兴镇、堡寨相望、类型多样、严整有序、寓美于象、风救不辍、**严谨有序、时代风尚**
- 盆地丘陵、晋商起源、规划严整、经纬相依、方正有序、密楼集爽、淳朴大方、**合义集慧、耕读文化、生态智慧**

内敛固本 与时相偶

环境气候
- 多山地貌 → 密居式院落
- 日照充沛 多风少雨 → 合院建筑

地段文脉
- 整体分析
- 选址
- 营造

空间属性
- 公共与私密 兼有的大院

地方材料
- 因地制宜 便于获取

地域文化
- 多元文化 内核稳定

时间维度

近代建筑
西风东渐、社会转型、中西拼贴、新老并置、样式折中、要素折中、融合发展、孕育新生、**中西合璧、体用兼备**

近现代建筑发展
现代主义、苏联风格、国际化、本土化 —— 手法

现当代建筑创作
基于环境气候、基于地段文脉、基于空间演化、基于地域材料、基于地域文化符号 —— 演变

现当代传承

基于环境气候
- 城市中的公共建筑
- 城市中的居住建筑
- 乡村建筑

→ 水系驳岸、滨水空间、日照通风、气流、自然通风、院落空间

基于地段文脉
- 显性因素
- 隐性因素

→ 自然环境、人工建成环境、人的生活方式、社会文化、审美观念

基于空间演化
- 院落空间
- 公共空间

→ 内部的院落空间、外部公共空间

基于地域材料
- 应用价值
- 应用形式

→ 结构、构造、外观、内部空间划分

基于地域文化符号
- 自然环境
- 传统建筑手工艺
- 城池遗址

→ 山川河流、地形地貌、民居形式、屋顶、屋型、园林景观、平面、材质、颜色、民间工艺及制品、城池遗址

后 记

Postscript

　　山西传统建筑肇始于特有的地理环境、气候资源、文化习俗，类型丰富、形式多元，反映了人与自然和谐共生的生存观和发展观，是山西传统文化精粹的重要组成部分。面对其快速消亡、亟需保护的严峻现实，亟需开展特征解析和传承实践的调查、记录、分析、研究。

　　该项工作面向山西省域内不同地域的传统建筑，包括晋北、晋东、晋西、晋中、晋东南、晋南等区域。旨在通过调查与研究，系统总结传统建筑的类型、特征、建造技艺以及内在精神，促进山西传统建筑文化的传承与发扬，推动山西地域建筑的当代实践创作和城乡建设。

　　在住房和城乡建设部的指导下，山西卷的工作由山西省城乡和住房建设厅牵头进行。山西省城乡和住房建设厅专门组建了专家委员会和课题组，由传统建筑理论研究专家和建筑设计实践创作专家合作开展工作，并调动各县市住建部门参与其中。调查工作和文字的撰写主要由北京交通大学、太原理工大学、山西省建筑设计研究院合作完成，并得到了山西省文物局、山西省古建筑保护研究所、山西省档案馆、太原市城建档案馆、山西大学等单位的支持和帮助，罗德胤、周庆华、余压芳、李会智、廉如鉴等专家学者为书稿的修改完善提出了宝贵的建议。封面山西省博物院图片由山西省建筑设计研究院刘卫国提供，应县木塔立面图由山西省古建筑保护研究所提供，在此致谢。

　　对于山西传统建筑的调查研究早有珠玉在前，课题组希望通过这项工作带来些许新的内容，对"三晋文化"进一步阐释，梳理山西近现代建筑发展脉络，对建筑案例进行系统分类，对不同时代的设计特点进行总结，以总结山西地域传统建筑的发展和传承路径。书中插图来源较多，特别是部分近现代建筑，受时代因素限制，来源于各县市或网络资源，挂一漏万，有未标注出处的恳请原作者和我们联系。受时间和能力所限，书稿中定有许多不足，请读者批评指正。